计算机科学先进技术译丛

React Native 实战

JavaScript 开发 iOS 和 Android 应用

[美] 纳德·达比（Nader Dabit） 著

孙晓青　周　伟　译

机械工业出版社

本书作者 Nader Dabit 是 AWS Mobile 开发人员、React Native Training 创始人和 React Native Radio 播客主持人。本书旨在帮助 iOS、Android 和 Web 开发人员学习使用 React Native 框架，构建高质量的 iOS 和 Android 应用程序。书中介绍了 React Native 入门基础知识，重点关注能够解决实际问题的实战技巧，深入探讨样式、导航、动画、API、数据架构、代码重用等内容。书中涉及的概念和技巧都附有简短示例和代码清单，读者可以在线获得源代码。

Original English language edition published by Manning Publications, USA.
Copyright © 2019 by Manning Publications.
Simplified Chinese-language edition copyright © 2019 by China Machine Press.
All rights reserved.
This title is published in China by China Machine Press with license from Manning Publications. This edition is authorized for sale in China only, excluding Hong Kong SAR, Macao SAR and Taiwan. Unauthorized export of this edition is a violation of the Copyright Act. Violation of this Law is subject to Civil and Criminal Penalties.

本书由 Manning Publications 授权机械工业出版社在中华人民共和国境内（不包括香港、澳门特别行政区及台湾地区）出版与发行。未经许可之出口，视为违反著作权法，将受法律之制裁。

北京市版权局著作权合同登记　图字：01-2019-1796 号。

图书在版编目（CIP）数据

React Native 实战：JavaScript 开发 iOS 和 Android 应用/（美）纳德·达比（Nader Dabit）著；孙晓青，周伟译. —北京：机械工业出版社，2019.11
（计算机科学先进技术译丛）
书名原文：React Native in Action
ISBN 978-7-111-64090-5

Ⅰ. ①R… Ⅱ. ①纳… ②孙… ③周… Ⅲ. ①JAVA 语言-程序设计 ②移动终端-应用程序-程序设计　Ⅳ. ①TP312.8 ②TN929.53

中国版本图书馆 CIP 数据核字（2019）第 245064 号

机械工业出版社（北京市百万庄大街 22 号　邮政编码　100037）
策划编辑：李培培　　责任编辑：李培培
责任校对：张艳霞　　责任印制：孙　炜

保定市中画美凯印刷有限公司印刷

2020 年 1 月第 1 版·第 1 次印刷
184mm×260mm · 18.5 印张 · 457 千字
0001—3000 册
标准书号：ISBN 978-7-111-64090-5
定价：99.00 元

电话服务　　　　　　　　　　网络服务
客服电话：010-88361066　　　机　工　官　网：www.cmpbook.com
　　　　　010-88379833　　　机　工　官　博：weibo.com/cmp1952
　　　　　010-68326294　　　金　书　网：www.golden-book.com
封底无防伪标均为盗版　　　　机工教育服务网：www.cmpedu.com

译者序

本书针对 Android 和 iOS 初级和中级开发人员编写，可以帮助他们利用已掌握的 JavaScript 技能，开发 iOS 和 Android 应用程序。

本书可以帮助读者快速熟练地使用 React Native 框架，提高解决实际问题的实战技巧。本书在开头两章对 React Native 进行了简单介绍，从第 3 章一直到结尾，大量篇幅都是在构建应用程序，操练实战技巧，是一本名副其实的实战教程，非常有助于读者全面掌握 React Native 构建移动应用程序的各项技能。

本书分为 4 个部分：第一部分为 React Native 入门知识，第二部分在 React Native 中开发应用程序，第三部分介绍 API，第四部分将前面各部分内容整合为一个完整的应用程序。

作者 Nader Dabit 是 React Native Training 的创始人和 React Native Radio 播客的主持人，见证了 React Native 框架从萌芽到目前蓬勃发展的历程。在本书中，Dabit 不仅循循善诱、简明清晰地介绍了 React Native 相关知识和技能，而且分享了许多只有资深行家才拥有的细节和反思。这些宝贵经验必将帮助读者大大提高工作效率。

作为实战教程，本书介绍的所有知识和技能都附有简明的示例，所有示例的源代码都可以在线下载。此外，读者还可以免费访问曼宁出版社运营网络论坛，在该论坛上对本书发表评论，提出技术问题，并可以获得本书作者和其他用户的帮助。

希望本书能够成为 React Native 学习者的良师益友。

本书翻译获得上海外语教育出版社全国高校外语教学科研项目资助，特此表示感谢。

不妥之处，恳请指正，邮件地址：cntysxq@163.com。

孙晓青　周伟
于上海工程技术大学
2019 年 6 月

致谢

这是笔者写的第一本书。写书的过程对笔者而言是一次很好的学习经历，收获远超预期。在笔者写这本书期间，职业生涯有几次变更，因此影响了本书的交稿时间。Nickie Buckner 和 Marina Michaels 对本书的完成起了重要作用，如果没有他们的帮助，本书会无限期地卡死在编写状态，因为笔者实在无法腾出时间重写几章的内容，正是 Nickie 的极大帮助才使本书得以完成。在笔者的时间变得越来越有限之际，是 Marina 鼎力协助，帮笔者完成本书最后 20% 的内容。

感谢妻子 Lilly，在笔者加班加点撰写本书期间给笔者的大力支持。感谢 Victor 和 Eli，他们都是最优秀的小孩。感谢父母，能够让笔者不断学习，使笔者在生活中拥有第 2 次、第 3 次、甚至第 4 次的选择机会。

还要感谢 React Native 社区和 React Native 团队（Jordan Walke、Christopher Chedeau、Adam Wolff 以及多年来笔者从未提及的 Facebook 所有人）；感谢 Monte Thakkar，在笔者写作期间，他接管了 React Native Elements 的开源工作；感谢所有 React Native 培训的开源贡献者。感谢 Eric Vicenti 和 Brent Vatne，以及所有帮助笔者的导航项目以及其他项目的伙伴。感谢 Charlie Cheever，他推动了许多使用 Expo React Native 项目和开源项目，并进一步推动了 Expo 的发展。感谢 Parasharum N，多年以来一直致力于 React Native 开发，并且在 Facebook 上使用 React Native，他始终是 React Native 社区和生态系统的核心人物。感谢 Peter Piekarczyk、Kevin Old、Lee Johnson、Gant Laborde 和 Spencer Carli，他们一直致力于"React Native Radio"播客。感谢 Russ Davis 和 SchoolStatus，笔者最初开始学习 React Native 就是源于与他们一起的工作。感谢 Orta Therox 和 Artsy 的朋友，他们为 React Native 社区贡献了优秀的博客和开源代码。感谢 Leland Richardson、Devin Abbott 以及 Airbnb 团队，他们为 React Native 提供了公平的机会，并为该生态系统做出了巨大贡献，尽管该框架从长远来看并不适合 Airbnb。感谢 Wix 团队为 React Native 开源生态系统贡献了许多优秀的项目。感谢 Callstack 的 Mike Grabowski 和 Anna Lankauf，他们负责发布 React Native 开源，为开源生态系统做出了巨大贡献，还要感谢他们多年来与笔者的合作。感谢 Jason Brown 推出的博客文章，并在早期教笔者如何制作动画。以上如有遗漏，请多多包涵，一并致谢！

最后，笔者要感谢所有为本书的面世辛苦付出的曼宁工作人员：发行人 Marjan Bace 以及编辑和制作团队中的每一位幕后人员。还要感谢以 Aleksandar Dragosavljevic 为首的技术同行评审：Alessandro Campeis、Andriy Kharchuk、Francesco Strazzullo、Gonzalo Barba López、Ian Lovell、Jason Rogers、Jose San Leandro、Joseph Tingsanchali、Markus Matzker、Matej Strašek Mattias Lundell、Nickie Buckner、Olaoluwa Oluro、Owen Morris、Roger Sperberg、Stuart Rivero、Thomas Overby Hansen、Ubaldo Pescatore 和 Zhuo HongWei。另外，还要感谢本书的技术编辑 Michiel Trimpe，以及一同为本书进行技术校对的 Jason Rogers。

前言

多年以来，笔者一直痴迷于移动应用程序开发，这份痴迷是笔者学习编码的原动力，激励笔者一路走来，先后学习了 Objective-C、jQuery mobile 和 Cordova，以及本书要讲解的 React Native。

笔者的职业生涯是围绕 JavaScript 进行的，多年来，在进行 Web 开发的过程中，笔者始终不忘追求如何使用现有的技能来提高效率。寻找更加高效的方法一直是笔者职业生涯中不变的初心。

当 React Native 首次发布时，笔者意识到这将是一个重要事件。当时，全球已有成千上万的 React 和 JavaScript 开发人员，React Native 为这些开发人员开辟了一条新的路径，将他们现有的技能扩展至移动应用程序开发领域，这条路径是 Cordova 等其他项目所不具备的。此外，React Native 也对 React 开发人员产生了很大吸引力，他们当时是所有前端开发人员中增长最快的人群。另外，React Native 还有一个优势，与同一空间内其他可选项相比，React Native 框架可以显著提高应用程序的质量。

在笔者第一次将自己编写的应用程序放置于应用程序商店后，笔者又学到了很多东西，因此下决心开始回答有关 Stack Overflow 的问题，之后笔者很快意识到，笔者所分享的宝贵知识同时有助于他人和笔者自己的职业生涯，因此笔者就愈来愈乐此不疲地回答相关问题。

回答问题的过程中，笔者自己也收获颇丰。最终笔者决定术业有专攻，专业研究 React Native 框架。笔者从许多成功的开发人员和开发顾问处得知，他们在职业生涯中取得的成就很大程度上归功于专业化，专业化可以大大提高他们的工作效率和业务量，因此也为他们带来了更多的收入。所以，笔者决定在职业生涯中首次尝试成为这样的一名专业人员，很快笔者就获得了许多咨询和培训的机会，事实证明这是一个明智的选择。

笔者见证了 React Native 框架从萌芽到目前蓬勃发展的历程，看到许多开发人员和公司正是通过该框架提供的功能快速提高了效率和生产力。我们正在见证 React Native 激动人心的历史时刻：越来越多的世界 500 强企业开始采用 React Native，并且 React Native 逐渐成为开发人员工具包中的首选，这必将鼓舞更多的人在 React Native 框架上开发应用程序。看到 React Native 框架蓬勃发展，看到越来越多使用 React Native 发布的新应用程序，笔者感到无比兴奋！

关于本书

本书旨在帮助读者尽可能快速熟练地使用 React Native 框架。结合示例，本书探讨了常用 API 的开发，重点关注能够解决实际问题的实战技巧。

首先，第 1 章对 React Native 进行简单介绍。然后，第 2 章介绍 React 的工作原理。从第 3 章一直到结尾都在构建应用程序，操练实战技巧。本书深入探讨数据架构、导航和动画等主题，有助于读者全面掌握 React Native 构建移动应用程序的技能。

本书分为 4 个部分，包括 12 章内容。

- 第一部分：React Native 入门。包括第 1~3 章内容。
  - 第 1 章介绍 React Native 框架的特点，React Native 与 React 的关系，以及 React Native 的优点和缺点。本章还概述了 React Native 的一项核心内容——组件，最后创建了一个 React Native 的小型项目。
  - 第 2 章介绍状态和属性，主要介绍其概念、工作原理，以及它们在 React Native 应用程序开发中的重要性。本章还介绍了 React 组件规范和 React 生命周期方法。
  - 第 3 章将带领读者从头开始，构建第一个 React Native 应用程序——备忘录 todo app，将使用 iOS 和 Android 中的开发者菜单来调试应用程序。
- 第二部分：在 React Native 中开发应用程序。读者在掌握第一部分基础知识的基础上，可以着手向 React Native 应用程序添加一些功能。本部分第 4~8 章内容包括样式、导航、动画以及如何使用数据架构处理数据（重点关注 Redux）。
  - 第 4 章和第 5 章介绍如何应用样式，既可以与组件内联，也可以在组件可以引用的样式表中应用样式。由于 React Native 组件是应用程序 UI 的主要构建模块，因此第 4 章的大量篇幅都在介绍如何使用 View 组件。在第 4 章内容的基础上，第 5 章着重介绍针对特定平台的样式，以及一些高级技巧，比如，flexbox 可以使应用程序的布局变得更加容易。
  - 第 6 章展示两个备受好评和最为常用的导航库：React Navigation 和 React Native Navigation。将介绍如何创建 3 种主要类型的导航器：选项卡式、堆栈式和抽屉式，以及如何控制导航状态。
  - 第 7 章介绍创建动画的 4 个步骤，动画 API 附带的 4 种可动画组件，如何创建自定义动画组件，以及其他一些有用的技能。
  - 第 8 章探讨如何使用数据架构处理数据。因为 Redux 是在 React 生态系统中最广泛采用的处理数据的方法，所以可以用它来构建应用程序，同时学习数据处理的技能。本章将展示如何使用 Context API 以及 React Native 应用程序实现 Redux，具体方式是通过使用 reducer 来保存 Redux 状态并从示例应用程序中删除一些项目。本章还介绍如何使用 providers 将全局状态传递给应用程序的其余部分，如何使用 connect 函数从子组件访问示例应用程序，以及如何使用 actions 添加功能。

- 第三部分：API 参考。React Native 提供了多种 API。本部分内容涉及跨平台 API 以及特定于 iOS 平台的 API 和特定于 Android 平台的 API。
  - 第 9 章将探讨 React Native 中的跨平台 API：可以在 iOS 或 Android 上创建告警 API；判断当前应用程序处于前台、后台还是非活动状态；实现数据持久化、检索和删除；将文本存储并更新到设备剪贴板；以及许多其他有用的任务。
  - 第 10 章和第 11 章将研究 React Native 中针对特定平台 iOS 和 Android 的 API。
- 第四部分：将各部分整合为一个应用程序。这部分将前面章节中的所有内容（样式、导航、动画和一些跨平台组件）整合到一个应用程序中。
  - 第 12 章首要关注最终设计方案，然后逐步了解应用程序的功能。将创建一个新的 React Native 应用程序，安装 React Navigation 库，深入探讨组件和导航 UI 的样式，使用 Fetch API 处理来自外部网络资源的数据，并最终构建一个应用程序，供用户查看最喜欢的星球大战（Star Wars）人物的信息。

源代码

本书内有许多源代码示例，以带有编号的代码清单和普通文本两种形式出现。源代码的格式都是特定宽度的字体，与普通文本有所区分。

本书对多数原始源代码进行了重新编排，添加了换行符和缩进以适应页面宽度。在极少数情况下，即使这样页面宽度还是不够，代码清单中就会出现行延续标记（➥）。

此外，许多代码清单都带有注释，用于强调一些重要概念。

本书示例的源代码可从以下两个网站在线获得，网址如下：www.manning.com/books/react-native-in-action 或者 https://github.com/dabit3/react-native-in-action。

本书论坛

购买本书的读者，可以免费访问由曼宁出版社运营的私人网络论坛，可以在该论坛上对本书发表评论，提出技术问题，并可以获得本书作者和其他用户的帮助。论坛的网址为 https://livebook.manning.com/#!/book/react-native-in-action/discussion。另外，读者还可以访问 https://livebook.manning.com/#!/discussion，了解有关曼宁论坛和论坛规则的更多信息。

曼宁承诺给读者提供一个交流平台，让读者之间以及读者与作者之间进行有意义的对话。但是，不会对作者在该论坛中的具体参与量做出任何承诺，作者在该论坛上与读者的互动都是出于自愿并且无任何报酬。希望读者能够向本书作者提出一些具有挑战性的问题，以免他在该论坛的兴趣和热情丧失殆尽！自从本书出版面世，读者就可以从出版商的网站访问在线论坛，并浏览该论坛的历史记录。

关于作者

　　Nader Dabit 是 AWS Mobile 的开发人员，致力于为开发者提供工具和服务，使其能够使用已掌握的技能组建全栈 Web 和移动应用程序。Nader Dabit 还是 React Native Training 的创始人和 React Native Radio 播客的主持人。

关于封面配图

本书封面上的配图名为"Insulaire D'Amboine"或"Islander of Amboine"。该图取自19世纪 Sylvain Maréchal 在法国出版的四卷本《地域着装风俗概要》。每幅插图均精细绘制并手工着色。丰富多样的 Maréchal 系列生动渲染了 200 年前世界各地的文化差异。各地居民互相隔离，操不同方言，无论身处都市、城镇还是乡村，都可以通过着装来轻松辨别他们的居住地和工作行当。

古往今来，着装规范发生了巨大变化，过去如此丰富的着装地域区别和阶层差别已经逐渐消失。现在，来自不同大陆的居民着装都基本相同，更不用提城镇和地域差异了。文化多样性已经消亡，取而代之的是个人生活的多样化，这种变化更加适应多样化和快节奏的高科技生活。

在当今趋同的时代，我们很难看出计算机书籍之间的差异。曼宁正是通过再现 Maréchal 图片，用两百年前各地居民丰富多样的生活画面来颂扬计算机行业的原创特质。

目录

译者序
致谢
前言
关于本书
关于作者
关于封面配图

第一部分　React Native 入门

第 1 章　React Native 入门 2
- 1.1　介绍 React 和 React Native 2
  - 1.1.1　一个基本的 React 类 3
  - 1.1.2　React 生命周期 5
- 1.2　读者将学到什么 5
- 1.3　读者应该具备什么 6
- 1.4　了解 React Native 的工作原理 6
  - 1.4.1　JSX 6
  - 1.4.2　线程 6
  - 1.4.3　React 6
  - 1.4.4　单向数据流 7
  - 1.4.5　差异化 7
  - 1.4.6　组件思维 7
- 1.5　React Native 的优点 8
  - 1.5.1　对开发者的可用性 8
  - 1.5.2　提高开发人员生产力 9
  - 1.5.3　性能 9
  - 1.5.4　单向数据流 9
  - 1.5.5　开发人员体验 10
  - 1.5.6　代码转换 10
  - 1.5.7　生产力和效率 10
  - 1.5.8　社区 11
  - 1.5.9　开源 11

	1.5.10	立即更新 ···	11
	1.5.11	构建跨平台移动应用程序的其他解决方案 ·····································	11

1.6 React Native 的缺点 ·· 11
1.7 创建和使用基本组件 ·· 12
  1.7.1 组件概述 ·· 12
  1.7.2 原生组件 ·· 12
  1.7.3 组件的构成 ·· 13
  1.7.4 可导出的组件 ·· 15
  1.7.5 组件组合 ·· 17
1.8 创建一个入门项目 ·· 19
  1.8.1 Create React Native App CLI ·· 19
  1.8.2 React Native CLI ·· 19
本章小结 ··· 23

第 2 章 了解 React ·· 24
2.1 使用状态管理组件数据 ·· 24
  2.1.1 正确操作组件的状态 ·· 25
2.2 使用属性管理组件数据 ·· 29
2.3 React 组件规范 ·· 36
  2.3.1 使用 render 方法创建 UI ··· 36
  2.3.2 使用属性初始值设定项和构造函数 ·· 37
2.4 React 生命周期方法 ·· 38
  2.4.1 静态方法 getDerivedStateFromProps ··· 39
  2.4.2 生命周期方法 componentDidMount ·· 39
  2.4.3 生命周期方法 shouldComponentUpdate ·· 40
  2.4.4 生命周期方法 componentDidUpdate ·· 41
  2.4.5 生命周期方法 componentWillUnmount ··· 41
本章小结 ··· 42

第 3 章 构建 React Native 应用程序 ·· 43
3.1 todo app 布局 ··· 43
3.2 todo app 编码 ··· 44
3.3 打开开发者菜单 ·· 49
  3.3.1 在 iOS 模拟器中打开开发者菜单 ·· 49
  3.3.2 在 Android 模拟器中打开开发者菜单 ·· 49
  3.3.3 使用开发者菜单 ·· 51
3.4 继续构建 todo app ··· 52
本章小结 ··· 69

XI

第二部分 在 React Native 中开发应用程序

第 4 章 样式入门 71
4.1 在 React Native 中应用和组织样式 72
4.1.1 在应用程序中应用样式 72
4.1.2 组织样式 74
4.1.3 将样式视为代码 76
4.2 将样式应用于 View 组件 78
4.2.1 设置背景颜色 79
4.2.2 设置边框 border 属性 81
4.2.3 指定边距 margin 和填充 padding 87
4.2.4 使用位置 position 放置组件 92
4.2.5 胸卡 Profile Card 定位 95
4.3 将样式应用于 Text 组件 96
4.3.1 对比 Text 组件与 View 组件 96
4.3.2 字体样式 99
4.3.3 使用装饰性文本样式 103
本章小结 111

第 5 章 样式进阶 112
5.1 针对特定平台的尺寸和样式 112
5.1.1 像素、点和 DP 113
5.1.2 使用 ShadowPropTypesIOS 和 Elevation 创建阴影 114
5.1.3 实战：在胸卡上设置阴影 116
5.2 使用变形来移动、旋转、缩放和倾斜组件 118
5.2.1 透视产生的 3D 效果 119
5.2.2 使用 translateX 和 translateY 沿 x 轴和 y 轴移动元素 119
5.2.3 使用 rotateX、rotateY 和 rotateZ 旋转元素（rotate） 120
5.2.4 旋转超过 90°时设置可见性 123
5.2.5 使用 scale、scaleX 和 scaleY 缩放屏幕上的对象 124
5.2.6 使用缩放变形创建胸卡缩略图 125
5.2.7 skewX 和 skewY 使元素沿 x 轴和 y 轴倾斜 128
5.2.8 变形的关键点 130
5.3 使用 flexbox 布置组件 131
5.3.1 使用 flex 改变组件的尺寸 131
5.3.2 使用 flexDirection 指定 flex 的方向 132
5.3.3 使用 justifyContent 定义组件沿主轴的排列方式 133
5.3.4 使用 alignItems 对齐容器中的子项 134

5.3.5　使用 alignSelf 覆盖父容器的对齐方式 135
　　　5.3.6　使用 flexWrap 防止项目被剪裁 137
　本章小结 140
第 6 章　导航 141
　6.1　对比 React Native 导航与网页导航 142
　6.2　构建一款页面导航应用程序 142
　6.3　实现数据持久化 155
　6.4　使用 DrawerNavigator 创建抽屉式导航 156
　本章小结 157
第 7 章　动画 158
　7.1　介绍 Animated API 158
　7.2　获得焦点时表单输入放大 161
　7.3　用插值创建自定义加载动画 163
　7.4　创建多个并行动画 166
　7.5　创建一个动画序列 168
　7.6　使用 Animated.stagger 交错动画开始时间 171
　7.7　Animated 动画库的其他技巧 173
　　　7.7.1　重置动画值 173
　　　7.7.2　调用回调函数 174
　　　7.7.3　使用 useNativeDriver 卸载动画至原生线程 174
　　　7.7.4　使用 createAnimatedComponent 创建自定义可动画组件 174
　本章小结 175
第 8 章　使用 Redux 数据架构库 176
　8.1　Redux 的定义 176
　8.2　使用 context 在 React 应用程序中创建和管理全局 state 177
　8.3　在 React Native 应用程序中实现 Redux 178
　8.4　创建 Redux reducer 来存放 Redux 的 state 179
　8.5　添加 provider 并创建 store 181
　8.6　使用 connect 函数访问数据 182
　8.7　添加 action 185
　8.8　在 reducer 中删除 Redux store 中的项目 190
　本章小结 193

第三部分　API 参考

第 9 章　实现跨平台 API 195
　9.1　使用 Alert API 创建跨平台通知 196
　　　9.1.1　告警用例 196

9.1.2　告警示例 ···196
　9.2　使用 AppState API 检测当前应用程序的状态 ···198
　　　9.2.1　AppState 用例 ···199
　　　9.2.2　使用 AppState 的示例 ··199
　9.3　使用 AsyncStorage API 实现数据保存 ···200
　　　9.3.1　AsyncStorage 用例 ···200
　　　9.3.2　使用 AsyncStorage 的示例 ··201
　9.4　使用 Clipboard API 将文本复制到剪贴板 ···203
　　　9.4.1　Clipboard 用例 ···203
　　　9.4.2　使用 Clipboard 的示例 ···203
　9.5　使用 Dimensions API 获取用户的屏幕信息 ··205
　　　9.5.1　Dimensions API 用例 ···205
　　　9.5.2　使用 Dimensions API 的示例 ··205
　9.6　使用 Geolocation API 获取用户当前的位置信息 ···206
　　　9.6.1　Geolocation API 用例 ···206
　　　9.6.2　使用 Geolocation API 的示例 ··206
　9.7　使用 Keyboard API 控制本机键盘的位置和功能 ··209
　　　9.7.1　Keyboard API 用例 ··209
　　　9.7.2　使用 Keyboard API 的示例 ···209
　9.8　使用 NetInfo 获取用户的当前联网状态（在线/离线）·····································211
　　　9.8.1　NetInfo 用例 ···212
　　　9.8.2　使用 NetInfo 的示例 ··212
　9.9　使用 PanResponder 获取触摸和手势事件信息 ··213
　　　9.9.1　PanResponder API 用例 ··213
　　　9.9.2　使用 PanResponder 的示例 ···215
　本章小结 ···217
第 10 章　实现特定于 iOS 的组件和 API ···218
　10.1　特定平台代码 ···218
　　　10.1.1　iOS 和 Android 文件扩展名 ··218
　　　10.1.2　使用 Platform API 检测平台 ··220
　10.2　DatePickerIOS ··221
　　　10.2.1　DatePickerIOS 用例 ··222
　10.3　使用 PickerIOS 组件处理值列表 ··223
　　　10.3.1　使用 PickerIOS 的示例 ···225
　10.4　使用 ProgressViewIOS 显示加载进度 ···226
　　　10.4.1　ProgressViewIOS 用例 ··227
　　　10.4.2　使用 ProgressViewIOS 的示例 ···227

10.5	使用 SegmentedControlios 创建水平选项卡栏	228
	10.5.1 SegmentedControlIOS 用例	229
	10.5.2 使用 SegmentedControlIOS 的示例	229
10.6	使用 TabBarIOS 在 UI 底部渲染选项卡	230
	10.6.1 TabBarIOS 用例	231
	10.6.2 使用 TabBarIOS 的示例	231
10.7	使用 ActionSheetIOS 显示操作表或分享框	233
	10.7.1 ActionSheetIOS 用例	234
	10.7.2 使用 ActionSheetIOS 的示例	234
本章小结		236

第 11 章 实现特定于 Android 的组件和 API 237

11.1	使用 DrawerLayoutAndroid 创建侧滑菜单	237
11.2	使用 ToolbarAndroid 创建工具栏	242
11.3	使用 ViewPagerAndroid 实现可滚动分页	243
11.4	使用 DatePickerAndroid API 显示本机的日期选择器	246
11.5	使用 TimePickerAndroid 创建时间选择器	249
11.6	使用 ToastAndroid 实现 Android toast	252
本章小结		255

第四部分　将各部分整合为 一个应用程序

第 12 章 使用跨平台组件构建 Star Wars 应用 257

12.1	创建 Star Wars 应用并安装依赖项	258
	12.1.1 导入 People 组件并创建 Container 组件	259
	12.1.2 创建导航组件并注册路径	261
	12.1.3 为初始视图创建主类	261
12.2	使用 FlatList、Modal 和 Picker 创建 People 组件	264
	12.2.1 创建 state 并设置 fetch 调用以检索数据	266
	12.2.2 添加剩余的类方法	267
	12.2.3 实现 render 的方法	268
12.3	创建 HomeWorld 组件	271
	12.3.1 创建 HomeWorld 类并初始化状态	272
	12.3.2 使用 url 属性从 API 获取数据	272
	12.3.3 完成 HomeWorld 组件	273
本章小结		274

附录 A 安装并运行 React Native 276

A.1	开发 iOS 应用	276
	A.1.1 准备开始	276

XV

  A.1.2 在 iOS 上测试安装 ································· 276
A.2 开发 Android 应用 ······································· 277
  A.2.1 使用 Mac 开发 Android 应用 ····················· 277
  A.2.2 使用 Windows 开发 Android 应用 ················ 277
  A.2.3 使用 Linux 开发 Android 应用 ··················· 278
  A.2.4 创建新项目（Mac/Windows/Linux）··············· 278
  A.2.5 运行该项目（Mac/Windows/Linux）··············· 279

第一部分　React Native 入门

　　第 1 章首先介绍 React Native 的基本概念和工作原理，React Native 与 React 之间的关系，以及使用 React Native 的必要性；其次概述了 React Native 的各个组件，这些组件是 React Native 的核心内容；最后创建了一个小型的 React Native 项目。

　　第 2 章介绍 React Native 组件的状态和属性，概念和工作原理，及其在 React Native 应用程序开发中的重要性。本章还介绍了 React 组件规范和 React 生命周期方法。

　　第 3 章将从头开始构建一个读者专属的 React Native 应用程序——todo。读者还将学习如何使用 iOS 和 Android 中的开发者菜单来调试应用程序。

第1章
React Native 入门

本章内容包括：
- React Native 简介。
- React Native 的特点。
- 创建组件。
- 创建第一个项目。

原生应用的开发可能因以下因素而变得麻烦：复杂的环境、冗长的框架以及过长的编译时间，因此开发高质量的原生应用绝非易事。目前，市场上已经出现了上述问题的解决方案，这些方案试图解决原生应用开发的相关问题，使其变得更加容易。

原生应用开发的复杂性主要来自跨平台开发所带来的障碍。各平台之间功能各异，而且很多开发环境、API 或代码都不能共享，势必造成在每个平台上都要有独立的开发团队，显然，这种做法既费钱又低效。

当今，正是移动应用程序开发历史进程中令人激动的时刻。React Native 将移动开发领域带入一片新天地。仅仅使用一种语言和一个团队来构建跨平台移动应用程序以及 Web 应用程序已经成为可能。随着移动设备的兴起以及开发人员需求的增加，用工成本会越来越高，React Native 使人们能够以极少的时间和人力成本在所有平台上交付高质量的应用程序，同时还提供了良好的用户体验和愉悦的开发体验。

1.1 介绍 React 和 React Native

React Native 是一个在 JavaScript 中使用 React JavaScript 库构建原生移动应用程序的框架，React Native 代码可编译为真实的原生组件。React 是一个由 Facebook 开源并使用的 JavaScript 库，最初只是用于构建 Web 应用程序的用户界面，现在已经可以使用 React Native 构建服务器端和移动应用程序。

React Native 有很多优点。React Native 是开源的，不仅得到 Facebook 的支持，而且拥有一个积极、活跃的庞大社区群体，该社区拥有数百万用户，由 React Native 和 Facebook Ads Manager 提供支持。Airbnb、Bloomberg、特斯拉、Instagram、Ticketmaster、SoundCloud、优步、沃尔玛、亚马逊和微软等公司或投资 React Native，或在生产中使用 React Native。

采用 React Native，开发人员可以使用 JavaScript 构建原生视图并访问特定原生平台的组件。上述特点是其他混合应用程序框架（如 Cordova 和 Ionic）所不具备的，其他混合应用程序框架要使用 HTML 和 CSS 才能将 Web 视图打包到原生应用程序中。与此相反，React Native 只需使用 JavaScript 就可将其编译为真正的原生应用程序，该应用程序可以使用特定平台的 API 和组件。诸如 Xamarin 也在采用上述作法，但 Xamarin 应用程序是使用 C# 而不是 JavaScript 构建的。当今，众多 Web 开发人员都拥有丰富成熟的 JavaScript 开发经验，这有助于帮助这些谙熟 JavaScript 的开发者轻松地从 Web 开发过渡到移动应用程序开发。

选择 React Native 作为移动应用程序框架具有很多优势。首先，由于应用程序直接渲染原生组件和 API，因此速度和性能比使用混合框架（如 Cordova 和 Ionic 等）更加优化。其次，采用 React Native，开发人员只需使用 JavaScript 这一种编程语言就能编写整个应用程序，可以重用大量代码，从而减少跨平台应用程序的发布时间。还有，招聘优质的 JavaScript 开发人员比招聘 Java、Objective C 或 Swift 开发人员更容易、更便宜，因此可以从整体上降低成本。

注意：React Native 应用程序是通过使用 JavaScript 和 JSX 来构建的。本书后续将深入讨论 JSX，目前可暂时将其视为一种 JavaScript 语法扩展，类似 HTML 或 XML。

本书将在第 2 章深入探讨 React，下面先介绍几个核心概念。

1.1.1 一个基本的 React 类

组件是 React 或 React Native 应用程序的构建模块。应用程序的入口点就是一个组件，该组件由其他多个组件构成，其他多个组件同样也是由另外一些组件构成，依此类推。

React Native 组件主要分为两种类型：有状态组件和无状态组件。以下示例使用了 ES6 类的有状态组件：

```
class HelloWorld extends React.Component {
    constructor() {
        super()
        this.state = { name: 'Chris' }
    }
    render () {
        return (
            <SomeComponent />
        )
    }
}
```

以下是一个无状态组件的示例：

```
const HelloWorld = () => (
    <SomeComponent />
)
```

有状态组件和无状态组件的主要区别在于，无状态组件不与任何生命周期方法挂钩，并且不保留自己的状态，因此只有接收到属性（props）才能渲染数据。本书将在第 2 章深入讲解生命周期方法，下面先看一个生命周期方法和类的示例，如代码清单 1-1 所示。

代码清单 1-1　创建一个基本的 React Native 类

```
import React from 'react'
import { View, Text, StyleSheet } from 'react-native'

class HelloWorld extends React.Component {
  constructor () {        ◀──── 构造函数使用name
   super ()                      属性设置state对象
   this.state = {
      name: 'React Native in Action'
   }
  }
  componentDidMount () {  ◀──── 最终的生命周期方法
   console.log('mounted..')
  }
  render () {             ◀──── 调用render( )
    return (
      <View style={styles.container}>
        <Text>{this.state.name}</Text>
      </View>
    )
  }
}
const styles = StyleSheet.create({
  container: {
    marginTop: 100,
    flex: 1
  }
})
```

注意： 在讨论后续方法时莫忘载入的概念。在创建组件时，将实例化 React 组件的生命周期，从而触发代码清单 1-1 中使用的方法。

在文件的顶部，需要来自'react'包的 React，以及来自'react-native'包的 View、Text 和 StyleSheet。View 是创建 React Native 组件和 UI 的最基本模块，类似于 HTML 中的 div。

Text 用于创建文本元素，相当于 HTML 中的 span 标签。StyleSheet 用于创建应用程序中使用的样式对象。'react'包和'react-native'包可作为模块使用。

首次加载组件时，在构造函数中用 name 属性设置了 state 对象。为了使 React Native 应用程序中的数据动态化，需要对 state 进行设置或使用 props 传递数据。以下示例就是在构造函数中对 state 进行了设置，然后可以根据需要调用该函数：

```
this.setState({
    name: 'Some Other Name'
})
```

该函数对组件进行了重新渲染，通过设置 state 中的变量，可以对组件中的其他值进行更新。

调用 render：检查 props 和 state，然后必定返回一个 React Native 元素，null 或 false。如果有多个子元素，则必须将它们包装在一个父元素中。比如，组件、样式和数据就被打包在一起，共同创建内容，渲染给 UI。

生命周期中的最后一个方法是 componentDidMount。如果需要执行 API 调用或 AJAX 请求来重置状态，可以首选 componentDidMount，UI 最终将为用户渲染结果。

1.1.2　React 生命周期

在创建 React Native 类时，定义的方法可以被实例化，这些方法被称为生命周期方法，本书将在第 2 章进行深入探讨。代码清单 1-1 中的方法 constructor、componentDidMount 和 render，以及一些其他方法都有自己的用例。

根据需要，多个生命周期方法可以同步发生，有助于管理组件的状态，也有助于分步骤执行代码。在所有生命周期方法中，所有其他方法都是可选的，但 render 是必需的。React Native 的生命周期方法和规范基本上与 React 相同。

1.2　读者将学到什么

本书内容涵盖 React Native 框架下为 iOS 和 Android 构建移动应用程序时需要了解的所有知识。由于 React Native 是使用 React 库构建的，所以本书将从第 2 章开始详述 React 的工作原理。

随后介绍样式，涵盖 React Native 框架中的大多数样式属性。由于 React Native 使用 flexbox 来布局 UI，所以本书将深入探讨 flexbox 的工作原理及其所有属性。对于有能力在 CSS 中使用 flexbox 进行 Web 布局的读者而言，这部分内容应该是早已熟悉了。但是有一点需要注意，在 React Native 中使用 flexbox 与在 CSS 中使用 flexbox 并不是 100%相同。

本书还详细介绍 React Native 框架附带的许多原生组件，并介绍每个组件的工作原理。在 React Native 中，组件基本上是提供特定功能或 UI 元素的代码块，这些代码块可以在应用程序中轻松使用。由于组件是 React Native 应用程序的构建基础，因此本书将对其进行全面讲解。

实现导航有很多种方法，各种方法都有优缺点。本书将对此进行深入探讨，并介绍如何使用导航 API 构建强大的导航系统，不仅涵盖如何使用 React Native 开箱即用的原生导航 API，而且介绍如何通过 npm 提供的一些社区项目。

接下来，本书将深入讨论 React Native 中可用的跨平台 API 和特定平台的 API，以及它们的工作原理，介绍如何使用网络请求、AsyncStorage（一种本地存储形式）、Firebase 和 WebSocket 处理数据。本书将深入研究不同的数据架构及其处理应用程序的方法。最后还将介绍 React Native 的调试方法。

1.3 读者应该具备什么

为了充分利用本书，读者应该具备 JavaScript 的初、中级知识。由于本书中大部分工作是通过命令行完成的，因此读者还需要基本了解如何使用命令行。此外读者还需了解 npm 及其基本的工作原理。如欲在 iOS 中构建应用，最好能够先对 Xcode 有所了解，这样会加快学习速度，当然这种了解并不是必需的。同理，如欲在 Android 中构建应用，最好能够先对 Android Studio 有所了解，当然这也不是必需的。

1.4 了解 React Native 的工作原理

这部分通过讨论 JSX、线程、React、单向数据流等帮助读者了解 React Native 的工作原理。

1.4.1 JSX

无论在 React 中还是在 React Native 中都推荐使用 JSX。作为 JavaScript 的语法扩展，JSX 与 XML 有些相似。虽然不用 JSX 也可以构建 React Native 组件，但是 JSX 能够使 React 和 React Native 更加易于阅读和维护。JSX 初看可能有些奇怪，但功能非常强大，深得广大开发者青睐。

1.4.2 线程

与原生平台交互时，所有 JavaScript 操作都是在一个线程中完成的，因此用户界面和动画都得以顺利执行。在这条线程上不但有 React 应用程序，还有要处理的所有 API 调用、所有事件以及所有交互。当原生组件出现更改时，就要对更新进行批处理并将其发送到原生端。在事件循环的每次迭代结束时都会发生上述更新。对于大多数 React Native 应用程序，业务逻辑是在 JavaScript 线程上运行的。

1.4.3 React

React Native 的一大特点是它使用了 React。React 是一个 Facebook 支持的开源 JavaScript 库。React 设计之初是为了在 Web 上构建应用程序和解决问题。该框架自发布以来就变得非常流行，许多知名公司非常看重其快速渲染性、可维护性和声明式 UI。

传统的 DOM 操作性能效率低下，应该尽量少用。React 通过所谓的虚拟 DOM 绕过传统 DOM：只有将虚拟 DOM 的新版本与旧版本进行比较时，内存中实际 DOM 的副本才会发生变化。上述做法大大减少了 DOM 的操作数量。

1.4.4 单向数据流

React 和 React Native 都强调使用单向数据流。基于 React Native 应用程序的构建方式，很容易实现上述单向数据流。

1.4.5 差异化

React 采用差异化的思想并将其应用于原生组件。React 接受 UI 信息，并将最少量的数据发送到主线程，供原生组件渲染。基于此状态，UI 以声明方式渲染，React 利用差异化来发送必要的更改。

1.4.6 组件思维

在 React Native 中构建 UI 时，不妨将一个应用程序视为一系列组件的组合体。如同"设置页面"这一整体概念，该概念内部又包含了页眉、页脚、正文、侧边栏等一系列概念和名称。在 React Native 中，开发者可以为组件命名，有意义的命名有助于轻松地将新人带入项目或将该项目移交给其他人。

假设设计师已经向开发者提供了如图 1-1 所示模型，下面将分析如何用组件来构建它。

首先，在脑海中将 UI 元素分解为若干部分。图 1-1 所示模型中有一个标题栏，标题栏中有标题名称和菜单按钮。标题栏下方是标签栏，标签栏中有三个单独的标签。请继续浏览上述模型的其余部分，考虑它们分别是什么，并将每个部分用组件来表示。以上示例展示了编写 UI 的方法：首先将 UI 中的公共元素分解为多个可重用的组件，然后分别为每个组件定义相应的接口，将来需要某个元素时，就可以重复使用它。

将 UI 元素分解为可重用的组件有利于代码重用，并使代码具有声明性和可理解性。例如，用于实现页脚的 12 行代码被统称为页脚元素，这种打包命名的方式非常易于理解和重用。

图 1-2 就是图 1-1 的设计分解图。所有开发人员都认为应该使用有意义的命名。一些项目（PROJECT、LABELS、FILTERS）被打包为一个组件（Tab bar）——开发者在逻辑上将这些项目分开，同时又在概念上对组件进行分组。

下面请看相应的 React Native 代码。首先来看 UI 主元素：

```
<Header />
<TabBar />
<ProjectList />
<Footer />
```

图 1-1 应用程序设计示例　　　　图 1-2 应用程序拆分为各个组件

其次再看子元素：

```
TabBar:
    <TabBarItem />
    <TabBarItem />
    <TabBarItem />
ProjectList:
    //为列表中的每个项目添加一个Project组件:
    <Project />
```

以上代码中使用了图 1-2 中的名称，事实上开发者可以使用自己认为有意义的任何名称。

1.5 React Native 的优点

如前文所述，React Native 的主要优势之一是它使用了 React。二者都是由 Facebook 支持的开源项目。在本书编写之时，React 在 GitHub 上拥有超过 100000 颗星和超过 1100 名贡献者——这么多人热情的参与会吸引更多的开发人员或项目经理前来加入。由于 React 是由 Facebook 开发、维护和使用，这就意味着世界上最有才华的一批工程师在对其进行监督、推进和升级，因此 React 也不会很快消失。

1.5.1 对开发者的可用性

由于原生移动开发人员成本上升以及可用性降低，React Native 以其特有的优势进入市场：React Native 对现有的 Web 和 JavaScript 开发人员相当友好，为他们提供了另外一个无须学习新语言就能构建的新平台。

1.5.2 提高开发人员生产力

过去，欲构建跨平台移动应用程序至少需要两个开发团队：Android 团队和 iOS 团队。现在，React Native 仅仅需要使用一种编程语言（JavaScript），一个开发团队就可以构建 Android、iOS 和 Windows 应用程序（即将），如此一来，显著缩短了开发时间并降低了开发成本，当然也就提高了生产力。对于原生开发人员而言，进入 React Native 平台的好处在于不再受限于自己只是 Android 或只是 iOS 开发人员，开放的平台意味着打开了更多机会的大门。对于 JavaScript 开发人员而言当然也是一个好消息，React Native 使他们能够在 Web 和移动项目之间切换时无所顾虑。对于过去相互独立的 Android 和 iOS 的团队而言，也同样是一个好消息，React Native 使他们能够在同一个代码库上协同工作。为了进一步彰显上述优点，还可以使用 Redux（将在第 12 章介绍）实现跨平台共享数据架构以及在 Web 上共享数据架构。

1.5.3 性能

如果读者了解其他跨平台解决方案，应该知晓 PhoneGap、Cordova 和 Ionic 等解决方案。虽然上述方案也是可行的，但是业界的普遍共识是上述跨平台解决方案远不能提供原生应用程序般的用户体验，即性能大打折扣。而 React Native 的亮点就在于它的性能无损，与使用 Objective-C、Swift 或 Java 构建的原生移动应用程序相比，性能没有明显差异。

1.5.4 单向数据流

与其他多数 JavaScript 框架以及 MVC 框架不同，React 和 React Native 采用单向数据流。React 整合了从顶层组件到底层组件的单向数据流，如图 1-3 所示，这使得数据层具有明确的来源，而不是散落在应用程序中，因此应用程序更易于理解。详细内容在本书后续内容中介绍。

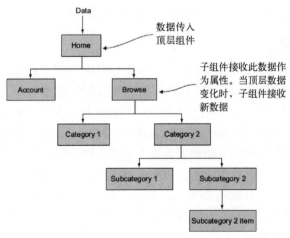

图 1-3 单向数据流的工作原理

1.5.5 开发人员体验

React Native 能够提高开发人员体验，这也是它的一大优势。网络开发人员都知晓浏览器的重新加载时间。Web 开发中没有编译这个步骤，只需刷新屏幕，就可以完成更改，而原生开发则需要长时间的编译过程。Facebook 决定开发 React Native 的原因之一是在使用原生 iOS 和 Android 构建的工具时，避免 Facebook 应用程序耗费漫长的编译时间。过去，Facebook 开发人员为了进行微小的 UI 更改或其他更改不得不等待很长时间，等待程序编译完成才能查看结果。编译时间过长导致生产力下降以及开发人员成本增加。React Native 通过网络的快速重新加载时间以及 Chrome 和 Safari 调试工具解决了上述问题，改善了调试体验，几乎可以与 Web 开发媲美。

React Native 还内置了一种称为热重载的功能。何为热重载？通常情况下，开发应用程序过程中，必须点击几次鼠标方能到达目的地。若使用热重载功能进行代码更改时，就不必重新加载然后单击返回应用程序以进入当前状态。使用热重载功能，还可以保存文件，应用程序仅对已经更改的组件重新加载，并立即提供反馈，更新 UI 的当前状态。

1.5.6 代码转换

代码转换是指一种编程语言编写的源代码通过转换器产生出另一种编程语言编写的等效代码。随着 ECMAScript 功能和标准的兴起，转换输出的范围已经扩展到某些语言的新版本和某些语言尚未实现的某些功能。在本书中，JavaScript 代码转换生成为标准 JavaScript 代码，目的是为了使该代码可以适用于那些只能处理 JavaScript 旧版本的平台。

React Native 缺省使用内置的 Babel 执行上述转换步骤。Babel 是一个开源工具，可以将最前沿的 JavaScript 语言转换为现在可以使用的代码。在使用某些语言之前，开发人员不必等待提议、批准等官僚程序，这些语言只需进入 Babel，就可以立即使用，速度非常快。以功能强大的 ES2015 为例，其中涉及 JavaScript 语言中的类、箭头函数和对象解构功能，都尚未适用于所有浏览器，但是只要使用 Babel 和 React Native，就可以消除上述顾虑。因此如果开发人员喜欢使用某些语言的最新功能开发 Web 应用程序，就可以使用上述转换过程。

1.5.7 生产力和效率

近年来，原生移动开发变得越来越昂贵，因此能够开发跨平台跨栈应用程序的工程师将会越来越抢手。一旦 React Native 或其他类似的东西仅仅使用单一主流框架就可以开发桌面、Web 以及移动应用程序，势必引发工程团队组织架构的重新思考和重组。这些开发人员不再像过去那样专门研究某一特定平台（如 iOS 或 Web），而需要负责监督跨平台的各项功能。在这个跨平台跨栈的新时代，能够提供原生移动、Web 和桌面应用程序的开发人员将带来更加高效的生产力，理所当然也应该比传统的 Web 开发人员要求更高的工资。

雇用开发人员进行移动开发的公司将从 React Native 中获益最多。所有项目都用一种语言来编写，这使得招聘更加容易，而且成本更低。开发团队使用同一种技术可以简化协作和共享，因此生产力也会提高。

1.5.8 社区

React 社区和 React Native 社区中气氛开放，成员热情互助。每当遇到问题并且无法通过在线搜索或 Stack Overflow 自行解决时，笔者就会直接向社区成员求助，总能收到积极的反馈和帮助。

1.5.9 开源

React Native 是开源的，这带来很多好处。第一，参与 React Native 的开发人员，不仅包括 Facebook 团队，还有数百名其他开发人员，因此错误修正的速度比专有软件快得多，毕竟专有软件只有特定团队的员工在进行错误修复和改进。第二，开源更接近用户的需求，用户可以随心所欲地参与制作自己想要的软件。第三，考虑到购买专有软件的成本、许可费和支持费用，开源在价格方面也完胜专有软件。

1.5.10 立即更新

依照传统做法，在发布应用程序的新版本时，需要服从应用程序商店的审批流程和时间安排。这个过程可能需要长达两周的时间。更改无论大小都要经历这个痛苦的过程才能发布应用程序的新版本。

React Native 以及混合应用程序框架可以直接将移动应用程序的更新部署到用户的设备上，而无须应用程序商店的审批流程。

1.5.11 构建跨平台移动应用程序的其他解决方案

React Native 并不是构建跨平台移动应用程序的唯一选择，其他解决方案还有 Cordova、Xamarin 和 Flutter。

- Cordova 是一个将 Web 应用程序封装成原生应用程序的框架，允许开发人员访问应用程序中的原生 API。与传统的 Web 应用程序不同，Cordova 应用程序可以置于应用程序商店 App Store 和 Google Play Store。使用 Cordova 这类工具，可以让 Web 开发人员不必再学习更多的东西，而是直接使用 HTML、JavaScript、CSS 和 JavaScript 框架即可。但是 Cordova 也存在缺点，由于它依赖于 DOM 和 Web 技术，因此根本无法达到 React Native 所提供的卓越性能和流畅的用户界面。
- Xamarin 框架允许开发人员用 C#编写的单个代码库来构建 iOS、Android、Windows 和 macOS 应用程序。Xamarin 根据目标平台以不同方式编译成原生应用程序。Xamarin 有一个免费层，供开发人员构建和部署移动应用程序，还为大型公司或企业用户提供付费层服务。Xamarin 与 React Native、Cordova 等 Web 技术没有相似之处，因此可能会对原生开发人员更具吸引力。
- Flutter 框架由 Google 开源，供开发人员使用 Dart 编程语言构建 iOS 和 Android 平台上的应用程序。

1.6 React Native 的缺点

上文已经介绍了使用 React Native 的优点，下面介绍一些用户可能不想选择该框架的原因和情况。

首先，与 iOS、Android 和 Cordova 等其他原生平台相比，React Native 还不够成熟，功能赶不上 iOS 或 Cordova。目前 React Native 已经内置了大多数功能，但有些功能尚不具备，这就意味着用户必须谙熟原生代码来自行构建、雇用他人来实现、或放弃这些功能。

其次，如果用户原本不熟悉 React，那么选择 React Native 框架就意味着他们必须学习一种全新的技术。尽管大多数人都认为 React 容易上手，但是如果用户本来就精通 Angular 和 Ionic，而且项目的截止日期临近，那么当然不必花费时间学习和培训团队再使用一项新技术，这种情形下当然应该首选自己已经熟知的技术。除了学习 React 和 React Native 之外，用户还必须熟悉 Xcode 和 Android 开发环境，这也需要一段时间来适应。

最后，React Native 是一个基于现有平台 API 构建的抽象框架，因此每当 iOS、Android 和其他现有平台发布新版本时，React Native 可能会落后一段时间，这就迫使用户要么构建自定义实现与这些新 API 交互，要么等待 React Native 更新，以获得上述版本的相应功能。

1.7　创建和使用基本组件

组件是 React Native 的基本构建模块，各个组件的功能和类型有所不同。常用组件包括按钮、页眉、页脚和导航等组件。它们的类型各异，可能是一个完整的视图（具有自己的状态和功能），也可能是一个无状态组件（从父组件接收其所有属性）。

1.7.1　组件概述

React Native 的核心是组件。组件是用来构成视图并最终构成应用程序的数据和 UI 元素的集合。React Native 框架中包含内置组件，在本书中称为原生组件，还有客户自行构建的自定义组件。下面将深入探讨如何构造、创建和使用组件。

如前所述，React Native 组件是使用 JSX 来构建的。JSX 看上去类似于 HTML 或 XML，见表 1-1。

表 1-1　JSX 组件与 HTML 元素

组件类型	HTML	React Native JSX
Text	<span>Hello World</span>	<Text>Hello World</Text>
View	<div> 　　<span>Hello World 2</span> </div>	<View> 　　<Text>Hello World 2</Text> </View>
Touchable highlight	<button> 　　<span>Hello World 2</span> </button>	<TouchableHighlight> 　　<Text>Hello World 2</Text> </TouchableHighlight>

1.7.2　原生组件

React Native 框架提供了开箱即用的原生组件，如 View、Text 和 Image 等。用户可以使用这些 Native 组件进一步创建其他组件。以下示例就是使用 React Native 中的 TouchableHighlight 组件和 Text 组件创建了 Button 组件，如代码清单 1-2 所示。

代码清单 1-2　创建 Button 组件

```
import { Text, TouchableHighlight } from 'react-native'
const Button = () => (
    <TouchableHighlight>
        <Text>Hello World</Text>
    </TouchableHighlight>
)
export default Button
```

然后，就可以导入并使用这个新按钮，如代码清单 1-3 所示。

代码清单 1-3　导入和使用 Button 组件

```
import React from 'react'
import { Text, View } from 'react-native'
import Button from './components/Button'
const Home = () => (
    <View>
        <Text>Welcome to the Hello World Button!</Text>
        <Button />
    </View>
)
```

接下来，将介绍组件的基本原理、组件如何适应工作流以及构建组件的常见用例和设计模式。

1.7.3　组件的构成

通常使用 JSX 编写组件，也可以使用 JavaScript 来编写组件。本节将介绍几种不同方式创建的组件。下面将创建一个组件：

```
<MyComponent />
```

该组件将"Hello World"输出到屏幕。首先介绍如何构建这个基本组件。这个自定义组件中用到的开箱即用组件正是前文提到的 View 和 Text 元素。谨记，View 组件类似于 HTML 的<div>，Text 组件类似于 HTML 的<span>。

其次介绍几个创建组件的方法。并不强行要求在整个应用程序中，保持组件定义方式的一致，但通常建议用户还是保持一致为好。

1. createClass 语法（ES5，JSX）

这是一种使用 ES5 语法创建 React Native 组件的方法。读者可能仍会在某些较旧的文档和示例中看到此语法，但在较新的文档中已经弃用，因此本书其他部分将重点介绍 ES2015 class 语法。考虑到在旧代码中有可能出现 createClass,下面对此进行简介:

```
const React = require('react')
const ReactNative = require('react-native')
const { View, Text } = ReactNative
const MyComponent = React.createClass({
    render() {
        return (
            <View>
                <Text>Hello World</Text>
            </View>)
    }
})
```

2. Class 语法(ES2015,JSX)

创建 React Native 有状态组件的主要方法是使用 ES2015 class 语法,该方法是本书其余部分创建有状态组件的方式,也是 React Native 社区和 React Native 创建者推荐的方法:

```
import React from 'react'
import { View, Text } from 'react-native'
class MyComponent extends React.Component {
    render() {
        return (
            <View>
                <Text>Hello World</Text>
            </View>)
    }
}
```

3. 无状态(可重用)组件(JSX)

自从 React 0.14 发布以来,就能够创建无状态组件。无状态组件基本上是纯函数,它们不能改变自己的数据,也不包含状态信息。这种语法比 class 或 createClass 语法更加干净清晰:

```
import React from 'react'
import { View, Text } from 'react-native'
const MyComponent = () => (
    <View>
        <Text>Hello World</Text>
    </View>
)
```

或者

```
import React from 'react'
import { View, Text } from 'react-native'
function MyComponent () {
```

```
        return <View><Text>HELLO FROM STATELESS</Text></View>
}
```

4. createElement（JavaScript）

可以说 React.createElement 很少使用，用户可能永远不需要使用此语法创建 React Native 元素。但是在对创建组件的方式需要更多的控制或在阅读其他人的代码时，它可能会派上用场。通过它还能够了解 JavaScript 如何编译 JSX。React.createElement 有以下几个参数：

```
React.createElement(type, props, children) { }
```

这三个参数分别为：
- type——要渲染的元素。
- props——希望组件拥有的各种属性。
- children——子组件或文本。

在下面的示例中，将视图作为参数传递给 React.createElement 的第一个参数，将空对象作为参数传递给 React.createElement 的第二个参数，将另一个 React.createElement 作为最后一个参数传递给 React.createElement 的第三个参数。在作为参数的第二个 React.createElement 中，将文本作为第一个参数，空对象作为第二个参数，"Hello" 作为最后一个参数，分别传递给第二个 React.createElement。

```
class MyComponent extends React.Component {
    render() {
        return (
            React.createElement( View, {}, React.createElement(Text, {},
"Hello") )
        )
    }
}
```

这种方式与声明组件的方式相同，如下所示：

```
class MyComponent extends React.Component {
    render () {
        return (
            <View>
                <Text>Hello</Text>
            </View>
        )
    }
}
```

1.7.4 可导出的组件

本节介绍一个可以导出并在另一个文件中使用的完整组件：

```
import React, { Component } from 'react'
import {
    Text,
    View
} from 'react-native'
class Home extends Component {
    render() {
        return (
            <View>
                <Text>Hello from Home</Text>
            </View>
        )
    }
}
export default Home
```

下面详细分析上述组件的各个部分。

1. 导入

以下代码从 React Native 导入了变量声明：

```
import React, { Component } from 'react'
import {
    Text,
    View
} from 'react-native'
```

以上代码中，使用默认导入直接从 React 库导入了 React，并使用命名导入从 React 库导入了 Component，还使用命名导入将 Text 和 View 拉入到文件中。

下面是使用 ES5 的 import 语句：

```
var React = require('react')
```

下面是不使用命名导入的语句：

```
import React = from 'react'
const Component = React.Component
import ReactNative from 'react-native'
const Text = ReactNative.Text
const View = ReactNative.View
```

import 语句用于导入函数、对象或变量，它们都是从其他模块、文件或脚本导出的。

2. 定义组件

以下代码可以定义组件：

```
class Home extends Component { }
```

以上语句，通过扩展 React Native Component 类，并将其命名为 Home 创建一个新组件。此前已经定义过 React.Component，现在是定义 Component，因为在对象解构语句中导入了 Component 元素，所以可以直接访问 Component 而不必调用 React.Component。

3．render 方法

下面介绍 render 方法：

```
render() {
    return (
        <View>
            <Text>Hello from Home</Text>
        </View> )
}
```

组件代码在 render 方法中执行，return 语句中的内容将呈现在屏幕上。调用 render 方法时，应该返回一个子元素。可以在此处执行 render 函数之外声明的任何变量或函数。如果需要进行计算，请使用 state 或 props 声明变量，或运行不操作组件状态的函数，以上操作在 render 方法和 return 语句之间执行。

4．导出

以下语句可以导出组件，供应用程序中其他地方使用：

```
export default Home
```

如果要在同一文件中使用该组件，则无须导出。在定义组件之后，就可以在本文件中使用该组件，或将其导出供另一个文件使用。当然，也可以使用 module.exports = 'Home'，此为 ES5 语法。

1.7.5 组件组合

下面介绍如何组合组件。在单个文件中创建 Home、Header 和 Footer 组件。下面先创建 Home 组件：

```
import React, { Component } from 'react'
import {
    Text,
    View
} from 'react-native'
class Home extends Component {
    render() {
        return (
            <View>
            </View> )
    }
}
```

在同一个文件中，在 Home 类声明的下面，构建一个 Header 组件：

```
class Header extends Component {
    render() {
        return <View>
             <Text>HEADER</Text>
          </View>
    }
}
```

一切顺利,下面介绍如何将 Header 重写为无状态组件。本书后续会讨论无状态组件的使用场合和优势。从视觉角度来看,无状态组件会让语法和代码变得更加清晰:

```
const Header = () => (
    <View>
        <Text>HEADER</Text>
    </View>
)
```

下面将 Header 插到 Home 组件中:

```
class Home extends Component {
    render() {
        return (
            <View>
                <Header />
            </View>
        )
    }
}
```

再来创建 Footer 和 Main 视图:

```
const Footer = () => (
    <View>
        <Text>Footer</Text>
    </View>
)
const Main = () => (
    <View>
        <Text> Main </Text>
    </View>
)
```

然后将它们放入应用程序中:

```
class Home extends Component {
    render() {
        return (
            <View>
```

```
            <Header />
            <Main />
            <Footer />
        </View>
    )
  }
}
```

以上代码非常清晰明了，编写方式清楚地描述了代码目的并且易于理解。上述代码展现了 React Native 中如何创建组件和视图，有助于读者了解其工作原理。

1.8 创建一个入门项目

上文已经介绍了很多关于 React Native 的细节，下面将深入研究一些代码。本节重点介绍如何使用 React Native CLI 来构建应用程序，当然也可以采用 Create React Native App CLI 来创建新项目。

1.8.1 Create React Native App CLI

Create React Native App CLI 是一个项目生成器，可以创建 React Native 项目，主要由 Expo 团队在 React Community GitHub 存储库中进行维护。Expo 创建了 React Native App 项目，允许开发人员使用 React Native 启动和运行，而无须担心是否已安装了使用 CLI 运行 React Native 项目所需的全部原生 SDK。

要使用 Create React Native App 创建新项目，请首先安装 CLI：

```
npm install -g create-react-native-app
```

以下为如何使用命令行 create-react-native-app 创建一个新项目：

```
create-react-native-app myProject
```

1.8.2 React Native CLI

在进一步讨论之前，请查看本书的附录，以确保计算机上已经安装了必要的工具。如果尚未安装所需的 SDK，则无法使用 React Native CLI 来构建这个入门项目。

首先打开命令行，创建并进入一个空目录，输入以下内容，完整安装 react-native CLI：

```
npm install -g react-native-cli
```

在本地机上安装 React Native 之后，可以输入 react-native init，然后输入项目名称，对新项目进行初始化：

```
react-native init myProject
```

myProject 可以是用户自主选择的任何名称。随后，CLI 可在用户所在的任何目录中启动新项目。请在文本编辑器中打开该项目。

首先介绍上述过程所生成的主要文件和文件夹。

- android——此文件夹包含所有 Android 特定平台的代码和依赖项。除非用户在 Android 中自定义网桥或安装某种深度配置的插件,否则根本不需要进入此文件夹。
- ios——此文件夹包含所有 iOS 特定平台的代码和依赖项。除非用户在 iOS 中自定义网桥或安装某种深度配置的插件,否则也根本不需要进入此文件夹。
- node_modules——React Native 使用 npm(node package manager)来管理依赖项。这些依赖项在.package.json 文件中进行标识和版本控制,并存储在 node_modules 文件夹中。当用户从 npm / node 生态系统中安装任何新的软件包时,它们将会转到此处。以上软件包可以通过 npm 或 yarn 进行安装。
- .flowconfig——flow(由 Facebook 开源)可以对 JavaScript 进行类型检查。flow 就像是 Typescript。此文件为 flow 配置文件。
- .gitignore——可以存储版本控制中不需要的所有文件的路径。
- .watchmanconfig——watchman 是一个文件监视器,React Native 用它来监视文件并在文件发生变化时进行记录。此文件为 watchman 的配置文件。除罕见情况外,基本不需要对此进行任何更改。
- index.js——此为应用程序的入口点。在此文件中,导入 App.js 并调用 AppRegistry. registerComponent,对应用程序进行初始化。
- App.js——项目入口及程序启动文件。包含基础项目的 index.js 中使用 App.js 作为默认主导入,可以通过删除此文件来替换 index.js 中的主导入。
- package.json——此文件用于保存 npm 配置信息。在安装 npm 文件时,可以将它们作为依赖项保存于此,还可以设置脚本命令以运行不同的任务。

以下是 App.js 的代码清单。

代码清单 1-4 App.js

```
/**
 * React Native App示例
 * https://github.com/facebook/react-native
 * @flow
 */
import React, { Component } from 'react';
import {
    Platform,
    StyleSheet,
    Text,
    View
} from 'react-native';
const instructions = Platform.select({
    ios: 'Press Cmd+R to reload,\n' +
        'Cmd+D or shake for dev menu',
```

```
    android: 'Double tap R on your keyboard to reload,\n' +
    'Shake or press menu button for dev menu',
});
export default class App extends Component<{}> {
    render() {
        return (
            <View style={styles.container}>
                <Text style={styles.welcome}>
                    Welcome to React Native!
                </Text>
                <Text style={styles.instructions}>
                    To get started, edit App.js
                </Text>
                <Text style={styles.instructions}>
                    {instructions}
                </Text>
            </View>
        );
    }
}
const styles = StyleSheet.create({
    container: {
        flex: 1,
        justifyContent: 'center',
        alignItems: 'center',
        backgroundColor: '#F5FCFF',
    },
    welcome: {
        fontSize: 20,
        textAlign: 'center',
        margin: 10,
    },
    instructions: {
        textAlign: 'center',
        color: '#333333',
        marginBottom: 5,
    },
});
```

以上代码看起来很像上一节中介绍的内容,但也有下列新内容:

```
Platform
StyleSheet
```

- Platform 是一种 API,用来检测操作系统的类型:Web、iOS 或 Android。
- StyleSheet 实现了类似 CSS 样式表的功能。在 React Native 中,可以内联或用样式表来定义样式。在上述代码的第一个视图中，定义了 container 的样式：

```
<View style={styles.container}>
```

直接对应于以下代码：

```
container: {
    flex: 1,
    justifyContent: 'center',
    alignItems: 'center',
    backgroundColor: '#F5FCFF',
}
```

在 index.js 文件的底部，可以看到：

```
AppRegistry.registerComponent('myProject', () => App);
```

这是运行所有 React Native 应用程序的 JavaScript 入口点。在整个应用里 AppRegistry.registerComponent 这个方法只会调用一次，用来告知 React Native 哪一个组件被注册为整个应用的根容器。然后，本地系统就可以加载该应用程序包并在应用程序准备就绪后运行该应用程序。

对上述文件中的内容讨论完毕，就可以在 iOS 模拟器或 Android 模拟器中运行这个项目了，如图 1-4 所示。在包含"Welcome to React Native!"的文本元素中，输入"Welcome to Hello World!"或其他任意文本，然后刷新屏幕，就应该可以看到上述更改。

图 1-4　React Native 入门项目：在模拟器上运行该项目后可以看到的内容

本章小结

- React Native 是使用 React JavaScript 库在 JavaScript 中构建原生移动应用程序的框架。
- React Native 的主要优势在于其性能、开发人员体验、使用单一语言构建跨平台应用的能力、单向数据流和网络社区。
- JSX 是一个预处理器步骤，为 JavaScript 添加类似 XML 的语法，在 React Native 中创建 UI。
- 组件是 React Native 中的基本构建模块，功能和类型各不相同。用户可以创建自定义组件来实现常见的设计元素。
- 对于需要状态或生命周期方法的组件，使用 JavaScript 类通过扩展 react.component 类的方法来创建。
- 对于无状态组件，创建起来非常简单。
- 通过组合若干个较小的子组件，可以创建较大的组件。

第 2 章 了解 React

本章内容包括：
- 状态的工作原理以及重要性。
- 属性的工作原理以及重要性。
- 了解 React 组件规范。
- 实现 React 生命周期方法。

在第 1 章了解 React Native 的基础知识之后，本章深入研究 React 和 React Native 的其他构件、如何管理状态和数据以及如何通过应用程序传递数据。本章将通过实例演示如何在组件之间传递属性（props）以及如何自上而下操纵属性。

在读者掌握了有关状态和属性的知识后，本章将深入探讨如何使用内置的 React 生命周期方法。这些方法供开发人员在创建或销毁组件时执行某些操作。理解这些方法是理解 React 和 React Native 工作原理以及充分利用这两个框架的关键，生命周期方法是 React 和 React Native 的核心概念。

注意：本章中既会看到 React 也会看到 React Native。当提及 React 时，并不意味着 React Native 会有什么特别之处，而是与 React 和 React Native 两者皆相关。例如，状态和属性在 React 和 React Native 中的工作方式相同，生命周期和组件规范也同样如此。

2.1 使用状态管理组件数据

在 React 或 React Native 组件中，创建和管理数据的方法之一是使用状态 state。在创建组件时声明组件状态，其结构是一个普通的 JavaScript 对象。在组件内更新状态，可以使用名为 setState 的函数，下文将对其进行深入研究。

另一种处理数据的方法是使用属性 props。在创建组件时，属性作为参数被传递下来。与状态有所不同，属性在组件内无法更新。

2.1.1 正确操作组件的状态

状态 state 是组件所管理的值的集合。React 认为 UI 是简单的状态机,当使用 setState 函数更改组件的状态时,React 会重新渲染组件。如果任何子组件继承此状态为属性 props,则所有子组件也将重新渲染。

使用 React Native 构建应用程序时,有必要了解状态的工作原理,因为状态决定了有状态组件的渲染和行为方式。正是组件状态才使开发人员能够创建动态组件和交互式组件。状态和属性的主要区别在于,状态是可变的,而属性是不可变的。

1. 状态初始化

在创建组件时,状态初始化有两个方法:可以通过构造函数对状态赋初始值,也可以使用属性初始值设定项进行设定。初始化之后,this.state 在组件中可用,如代码清单 2-1 所示。

代码清单 2-1 使用属性初始值设定项设置状态

```
import React from 'react'
class MyComponent extends React.Component {
    state = {
        year: 2016,
        name: 'Nader Dabit',
        colors: ['blue']
    }
    render() {
        return (
            <View>
                <Text>My name is: { this.state.name }</Text>
                <Text>The year is: { this.state.year }</Text>
                <Text>My colors are { this.state.colors[0] }</Text>
            </View>
        )
    }
}
```

在代码清单 2-2 中,在实例化 JavaScript 类时调用了构造函数,这并不是 React 生命周期方法,而只是一种常规的 JavaScript 类方法。

代码清单 2-2 使用构造函数设置状态

```
import React {Component} from 'react'
class MyComponent extends Component {
    constructor(){
        super()
        this.state = {
            year: 2016,
```

```
            name: 'Nader Dabit',
            colors: ['blue']
        }
    }
    render() {
        return (
            <View>
                <Text>My name is: { this.state.name }</Text>
                <Text>The year is: { this.state.year }</Text>
                <Text>My colors are { this.state.colors[0] }</Text>
            </View>
        )
    }
}
```

以上两种状态初始化的方法工作原理完全相同，开发人员依个人喜好择一即可。

2．状态更新

可以通过调用 this.setState（对象），传入一个对象来对已有的 state 进行更新。setState 总是将先前状态与当前状态合并，因此如果只传入一个项（一个键值对），则状态的其余部分保持不变，而状态中的新项将被覆盖。

下面介绍如何使用 setState，如代码清单 2-3 所示。首先介绍一种新方法，一个名为 onPress 的触摸处理程序。可以在几种"可单击"类型的 React Native 组件上调用 onPress，但在本例中是将其附加到 Text 组件。单击文本时就会调用名为 updateYear 的函数，使用 setState 更新状态。请在 render 函数之前定义该函数。本书建议将所有自定义方法都放在 render 方法之前，但事实上，函数定义的顺序不会影响实际功效。

代码清单 2-3　更新状态

```
import React {Component} from 'react'
class MyComponent extends Component {
    constructor(){
        super()
        this.state = {
            year: 2016,
        }
    }
    updateYear() {
        this.setState({
            year: 2017
        })
    }
    render() {
        return (
            <View>
                <Text
```

```
                onPress={() => this.updateYear()}>
                The year is: { this.state.year }
            </Text>
        </View>
    )
}
```

如图 2-1 所示，每次单击代码清单 2-3 中的文本元素，状态就被更新一次。每次调用 setState 时，React 都会重新渲染组件（再次调用 render 方法）和所有子组件。调用 this.setState 就会更改状态变量并再次触发 render 方法，因为直接更改状态变量不会触发组件的重新渲染，因此 UI 中不会显示任何更改。初学者常见的一个错误就是直接更新状态变量。举例如下，虽然状态对象已更新，但 UI 并未更新，原因在于没有调用 setState，因此组件未重新渲染。

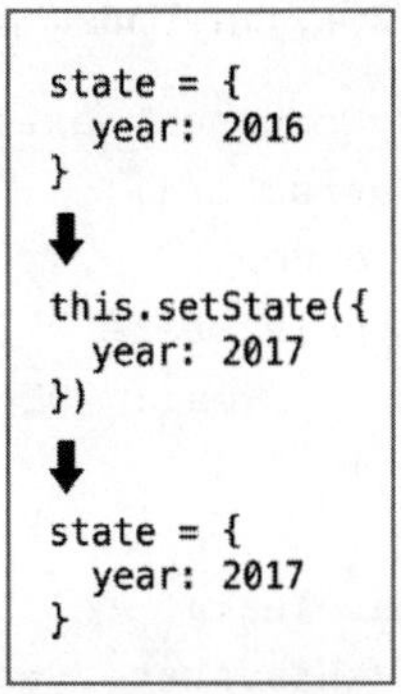

```
state = {
  year: 2016
}
        ↓
this.setState({
  year: 2017
})
        ↓
state = {
  year: 2017
}
```

图 2-1　setState 流程，箭头表明此时单击文本元素。状态的"year"属性在构造函数中初始化为 2016 年，每次单击文本时，状态"year"属性被设置为 2017

```
class MyComponent extends Component {
    constructor(){
        super()
        this.state = {
            year: 2016,
        }
    }
    updateYear() {
        this.state.year = 2017
    }
    render() {
        return (
            <View>
                <Text
                    onPress={() => this.updateYear()}>
                    The year is: { this.state.year }
                </Text>
            </View>
        )
    }
}
```

尽管直接更改状态变量不会触发组件的重新渲染，但是 React 中提供了一种方法，可以在状态变量更改后强制更新。此方法称为 forceUpdate，如代码清单 2-4 所示。调用 forceUpdate

27

会导致在组件上调用 render，从而触发 UI 的重新渲染。通常不需要也不建议使用 forceUpdate，不过万一读者在示例或文档中遇到它，最好也能有所了解。大多数情况下，可以使用其他方法处理这种重新渲染，如调用 setState 或传入新的 props。

代码清单 2-4　forceUpdate 强制重新渲染

```
class MyComponent extends Component {
    constructor(){
        super()
        this.state = {
            year: 2016
        }
    }
    updateYear() {
        this.state.year = 2017
    }
    update() {
        this.forceUpdate()
    }
    render() {
        return (
            <View>
                <Text onPress={ () => this.updateYear() }>
                    The year is: { this.state.year }
                </Text>
                <Text
                    onPress={ () => this. update () }>Force Update
                </Text>
            </View>
        )
    }
}
```

上文已经介绍了如何使用基本字符串处理状态，下面将基本字符串换成一些其他数据类型，将为状态附加布尔值、数组和对象，并在组件中使用，此外还将根据状态中的布尔值有条件地显示组件，如代码清单 2-5 所示。

代码清单 2-5　包含其他数据类型的状态

```
class MyComponent extends Component {
    constructor(){
        super()
        this.state = {
            year: 2016,
            leapYear: true,
```

```
            topics: ['React', 'React Native', 'JavaScript'],
            info: {
                paperback: true,
                length: '335 pages',
                type: 'programming'
            }
        }
    }
    render() {
        let leapyear = <Text>This is not a leapyear!</Text>
        if (this.state.leapYear) {
            leapyear = <Text>This is a leapyear!</Text>
        }
        return (
            <View>
                <Text>{ this.state.year }</Text>
                <Text>Length: { this.state.info.length }</Text>
                <Text>Type: { this.state.info.type }</Text>
                { leapyear }
            </View>
        )
    }
}
```

2.2 使用属性管理组件数据

属性 props（properties 的简称）是从父组件传递下来的值或属性。属性在声明时可以是静态值或动态值，但是在继承时属性是不可改变的，只能通过更改顶层初始值进行更改。换言之，属性可用作父组件向子组件之间传值，但是子组件不能修改自身属性。表 2-1 比较了属性与状态之间的主要差异和相似之处。

表 2-1 属性与状态

属　　性	状　　态
外部数据	内部数据
不变的	可变的
从父组件继承	在组件中创建
可以由父组件更改	只能在组件中更新
可以作为属性传递下去	可以作为属性传递下去
在组件内部无法更改	在组件内部可以更改

用例子可以更好地解释属性的工作原理。代码清单 2-6 声明了一个 book 值，并将其作

为静态属性传递给子组件。

代码清单 2-6　静态属性

```
class MyComponent extends Component {
    render() {
        return (
            <BookDisplay book="React Native in Action" />
        )
    }
}
class BookDisplay extends Component {
    render() {
        return (
            <View>
                <Text>{ this.props.book }</Text>
            </View>
        )
    }
}
```

以上代码创建了两个组件：<MyComponent/>和<BookDisplay/>。创建<BookDisplay/>时，传入名为 book 的属性并将其设置为字符串"React Native in Action"。以这种方式作为属性传递的内容可以作为 this.props 在子组件上使用。

另外，还可以像变量一样传递文字，具体方法是使用花括号和字符串值，如代码清单 2-7 所示。

代码清单 2-7　显示静态属性

```
class MyComponent extends Component {
    render() {
        return (
            <BookDisplay book={"React Native in Action"} />
        )
    }
}
class BookDisplay extends Component {
    render() {
        return (
            <View>
                <Text>{ this.props.book }</Text>
            </View>
        )
    }
}
```

第 2 章　了解 React

1．动态属性

下面介绍如何将动态属性传递给组件。在代码清单 2-8 的 render 方法中，在 return 语句之前，声明了一个变量 book 并将其作为属性传递。

代码清单 2-8　动态属性

```
class MyComponent extends Component {
    render() {
        let book = 'React Native in Action'
        return (
            <BookDisplay book={ book } />
        )
    }
}
class BookDisplay extends Component {
    render() {
        return (
            <View>
                    <Text>{ this.props.book }</Text>
            </View>
        )
    }
}
```

下面，使用状态将动态属性传递给组件，如代码清单 2-9 所示。

代码清单 2-9　使用状态的动态属性

```
class MyComponent extends Component {
    constructor() {
        super()
        this.state = {
            book: 'React Native in Action'
        }
    }
    render() {
        return (
            <BookDisplay book={this.state.book} />
        )
    }
}
class BookDisplay extends Component {
    render() {
        return (
            <View>
                <Text>{ this.props.book }</Text>
            </View>
        )
```

接下来，介绍如何更新状态，并将此更新作为属性传递给 BookDisplay。请牢记一点，属性是不可变的，因此要更改父组件（MyComponent）的状态，该组件将为 BookDisplay 的 book 属性提供一个新值并触发组件和子组件的重新渲染。上述想法可以分解为以下 4 部分。

1）声明状态变量：

```
this.state = {
    book: 'React Native in Action'
}
```

2）编写一个更新状态变量的函数：

```
updateBook() {
    this.setState({
        book: 'Express in Action'
    })
}
```

3）将函数和状态作为属性向下传递给子组件：

```
<BookDisplay
    updateBook={ () => this.updateBook() }
    book={ this.state.book } />
```

4）将该函数连接到子组件中的触摸处理程序：

```
<Text onPress={ this.props.updateBook }>
```

基于以上想法，可以编写如下代码来实现。代码中会使用前面示例中的组件并添加新功能，如代码清单 2-10 所示。

代码清单 2-10 更新动态属性

```
class MyComponent extends Component {
    constructor(){
        super()
        this.state = {
            book: 'React Native in Action'
        }
    }
    updateBook() {
        this.setState({
            book: 'Express in Action'
        })
    }
    render() {
```

```
        return (
            <BookDisplay
                updateBook={ () => this.updateBook() }
                book={ this.state.book } />
            )
        }
    }
    class BookDisplay extends Component {
        render() {
            return (
                <View>
                    <Text
                        onPress={ this.props.updateBook }>
                        { this.props.book }
                    </Text>
                </View>
            )
        }
    }
```

2．解构属性和状态

不断地重复使用 this.state 和 this.props 给开发者带来不良体验，违背了许多人所追求的 DRY 原则（don't repeat yourself）。要解决此问题，可以尝试使用解构。解构是一种 JavaScript 的新功能，添加了 ES2015 规范部分内容，可在 React Native 应用程序中使用。解构的基本思路是从对象中获取属性并将其用作应用程序中的变量：

```
const person = { name: 'Jeff', age: 22 }
const { age } = person
console.log(age) #22
```

代码清单 2-11 就是使用解构功能来编写组件。

代码清单 2-11　解构状态和属性

```
class MyComponent extends Component {
    constructor(){
        super()
        this.state = {
            book: 'React Native in Action'
        }
    }
    updateBook() {
        this.setState({ book: 'Express in Action' })
    }
    render() {
        const { book } = this.state
```

```
            return (
                <BookDisplay
                    updateBook={ () => this.updateBook() }
                    book={ book } />
            )
        }
    }
    class BookDisplay extends Component {
        render() {
            const { book, updateBook } = this.props
            return (
                <View>
                    <Text
                        onPress={ updateBook }>
                        { book }
                    </Text>
                </View>
            )
        }
    }
```

以上代码中，在引用 book 时，不再需要在组件中引用 this.state 或 this.props。相反，book 变量已经从状态和属性中取出，并且可以引用变量本身。随着代码中状态和属性变得越来越多并越来越复杂，这样做就会变得更加有意义，非常有助于代码的清楚、整洁。

3．无状态组件的属性

因为无状态组件没有自己的状态，只需考虑属性，所以在创建可重用组件时常用无状态组件。下面，介绍如何在无状态组件中使用属性。要使用无状态组件访问属性，请将 props 作为函数的第一个参数传递给函数，如代码清单 2-12 所示。

代码清单 2-12　无状态组件的属性

```
const BookDisplay = (props) => {
    const { book, updateBook } = props
    return (
        <View>
            <Text
                onPress={ updateBook }>
                { book }
            </Text>
        </View>
    )
}
```

也可以在函数参数中解构属性，如代码清单 2-13 所示：

第 2 章　了解 React

代码清单 2-13　在无状态组件中解构属性

```
const BookDisplay = ({ updateBook, book }) => {
    return (
        <View>
            <Text
                onPress={ updateBook }>
                { book }
            </Text>
        </View>
    )
}
```

显然，采用解构的方法减少了许多不必要的代码。因此，请尽可能使用无状态组件，以达到代码库精简、逻辑清晰。

注意：由于无状态组件可以在 JavaScript 中被编写为函数，因此无状态组件常被称为函数式组件。

4．将数组和对象作为属性进行传递

解构中可以传递的数据类型还有其他类型。比如，要传递数组，可将数组作为属性传入；要传递对象，可将对象作为属性传入，如代码清单 2-14 所示。

代码清单 2-14　将其他数据类型作为属性进行传递

```
class MyComponent extends Component {
    constructor(){
        super()
        this.state = {
            leapYear: true,
            info: {
                type: 'programming'
            }
        }
    }
    render() {
        return (
            <BookDisplay
                leapYear={ this.state.leapYear }
                info={ this.state.info }
                topics={['React', 'React Native', 'JavaScript']} />
        )
    }
}
const BookDisplay = (props) => {
```

```
    let leapyear
    let { topics } = props
    const { info } = props
    topics = topics.map((topic, i) => {
        return <Text>{ topic }</Text>
    })
    if (props.leapYear) {
        leapyear = <Text>This is a leapyear!</Text>
    }
    return (
        <View>
            { leapyear }
            <Text>Book type: { info.type }</Text>
            { topics }
        </View>
    )
}
```

2.3 React 组件规范

在创建 React 和 React Native 组件时,可以使用多种规范和生命周期方法来控制组件中的情况。本节将介绍这些规范和方法。

首先,介绍组件规范的基础知识。组件规范基本说明了组件应该如何响应生命周期中发生的不同事件。具体如下所示。

- render 方法。
- constructor 方法。
- statics 对象,用于定义可用于类的静态方法。

2.3.1 使用 render 方法创建 UI

render 方法是组件规范中在创建组件时唯一必需的方法。它必须返回一个子元素、null 或 false。子元素可以是已声明的组件(如 View 组件或 Text 组件),也可以是已定义的其他组件(如已创建并导入到文件中的 Button 组件)。

```
render() {
    return (
        <View>
            <Text>Hello</Text>
        </View>
    )
}
```

使用 render 方法可以带括号也可以不带括号。如果不使用括号,则返回元素一定与

return 语句位于同一行：

```
render() {
    return <View><Text>Hello</Text></View>
}
```

render 方法还可以返回一个在别处定义的组件：

```
render() {
    return <SomeComponent />
}
```

或

```
render() {
    return (
        <SomeComponent />
    )
}
```

render 方法还可以根据条件判断来返回组件：

```
render() {
    if(something === true) {
        return <SomeComponent />
    } else return <SomeOtherComponent />
}
```

2.3.2 使用属性初始值设定项和构造函数

可以在构造函数中创建状态，也可以使用属性初始值设定项创建状态。属性初始值设定项是 JavaScript 语言的 ES7 规范，与 React Native 一样开箱即用，是一种在 React 类中声明状态的简洁方法：

```
class MyComponent extends React.Component {
    state = {
        someNumber: 1,
        someBoolean: false
    }
}
```

在使用类时，还可以使用构造函数 constructor 方法设置初始状态。类的概念以及构造函数并不是 React 或 React Native 特有的，类是一个 ES2015 规范，它只是 JavaScript 现有的基于原型的继承的语法糖，用于创建和初始化用类创建的对象。通过使用语法 this.property（property 是属性的名称）声明属性，也可以为构造函数中的组件类设置其他属性。关键字 this 指的是当前所在的类：

```
constructor(){
```

```
    super()
    this.state = {
        someOtherNumber: 19,
        someOtherBoolean: true
    }
    this.name = 'Hello World'
    this.type = 'class'
    this.loaded = false
}
```

使用构造函数创建 React 类时，必须先使用 super 关键字，然后才能使用 this 关键字，这是在扩展另一个类。此外，如果需要访问构造函数中的任何属性，则必须将它们作为参数传递给构造函数和 super 调用。

除非有意为组件的内部功能设置某种类型的种子数据，否则不要基于属性来设置状态。因为如果更改了数据，组件之间的数据将不再一致。一般来说，只有在首次安装或创建组件时才创建状态。如果使用不同的属性值重新渲染相同的组件，则已安装该组件的任何实例都不会使用新的属性值来更新状态。

以下示例显示了在构造函数中设置状态值的属性。假设最初是把"Nader Dabit"作为属性传递给组件，状态中的 fullName 属性就是"Nader Dabit"。如果之后使用"Another Name"重新渲染该组件，也不会再次调用构造函数，fullName 的状态值仍然保持为"Nader Dabit"：

```
constructor(props){
    super(props)
    this.state = {
        fullName: props.first + ' ' + props.last,
    }
}
```

2.4 React 生命周期方法

在组件生命周期的特定时间点执行各种方法，这些方法被称为生命周期方法。使用这些方法可以在创建和销毁组件期间的不同时间点上执行特定的操作。例如，用户想要进行一个返回某些数据的 API 调用，他们希望确保组件事先为渲染这些数据做好准备。针对上述需求，可以将组件装入一个名为 componentDidMount 的方法中，然后就可以进行 API 调用了。本节将介绍以下几个生命周期方法并解释其工作原理。

React 组件的生命周期中，主要会经历 3 个阶段：创建（安装）、更新和删除（卸载）。在这 3 个阶段中，可以使用以下 3 组生命周期方法。

- Mounting (creation)——创建组件时会触发一系列生命周期方法，用户可以选择以下方法之一或全部：constructor、getDerivedStateFromProps、render 和 componentDidMount。到

目前为止，本书使用过的是 render，它渲染并返回一个 UI。
- Updating——更新组件时会触发：getDerivedStateFromProps（当属性更改时）、shouldComponentUpdate、render、getSnapshotBeforeUpdate 和 componentDidUpdate。以下任何一种情形都会产生更新。
  - 在组件内部调用 setState 或 forceUpdate。
  - 有新属性传递到组件中。
- Unmounting——卸载（销毁）组件时会触发最后一个生命周期方法：componentWillUnmount。

2.4.1 静态方法 getDerivedStateFromProps

getDerivedStateFromProps 是一个静态类方法，在创建组件和组件接收新属性时都会调用该方法。此方法使组件能够根据属性变化的结果更新其内部状态，如代码清单 2-15 所示。

代码清单 2-15　静态方法 getDerivedStateFromProps

```
export default class App extends Component {
    state = {
        userLoggedIn: false
    }
    static getDerivedStateFromProps(nextProps, nextState) {
        if (nextProps.user.authenticated) {
            return {
                userLoggedIn: true
            }
        }
        return null
    }
    render() {
        return (
            <View style={styles.container}>
                {
                    this.state.userLoggedIn && (
                        <AuthenticatedComponent />>
                    )
                }
            </View>
        );
    }
}
```

2.4.2 生命周期方法 componentDidMount

在组件加载之后，一次性调用 componentDidMount。在此方法中，通过 AJAX 调用获取了数据，执行了 setTimeout 函数，还与其他 JavaScript 框架进行了集成，如代码清单 2-16 所示。

代码清单 2-16　生命周期方法 componentDidMount

```
class MainComponent extends Component {
    constructor() {
        super()
        this.state = { loading: true, data: {} }
    }
    componentDidMount() {
        #simulate ajax call
        setTimeout(() => {
            this.setState({
                loading: false,
                data: {name: 'Nader Dabit', age: 35}
            })
        }, 2000)
    }
    render() {
        if(this.state.loading) {
            return <Text>Loading</Text>
        }
        const { name, age } = this.state.data
        return (
            <View>
                <Text>Name: {name}</Text>
                <Text>Age: {age}</Text>
            </View>
        )
    }
}
```

2.4.3　生命周期方法 shouldComponentUpdate

shouldComponentUpdate 返回一个布尔值，让用户决定组件何时渲染。若已知新状态或属性不需要组件或其任何子组件渲染，则返回 false；若希望上述改变重写 render，则返回 true，如代码清单 2-17 所示。

代码清单 2-17　生命周期方法 shouldComponentUpdate

```
class MainComponent extends Component {
    shouldComponentUpdate(nextProps, nextState) {
        if(nextProps.name !== this.props.name) {
            return true
        }
```

第 2 章 了解 React

```
        return false
    }
    render() {
        return <SomeComponent />
    }
}
```

2.4.4 生命周期方法 componentDidUpdate

componentDidUpdate 在组件完成更新和重新渲染后立即调用。该方法会传入两个参数：prevProps、prevState，如代码清单 2-18 所示：

代码清单 2-18 生命周期方法 componentDidUpdate

```
class MainComponent extends Component {
    componentDidUpdate(prevProps, prevState) {
        if(prevState.showToggled === this.state.showToggled) {
            this.setState({
                showToggled: !showToggled
            })
        }
    }
    render() {
        return <SomeComponent />
    }
}
```

2.4.5 生命周期方法 componentWillUnmount

从应用程序中删除组件之前，调用 componentWillUnmount。在此方法中，可以执行任何必要的清理，删除监听器以及删除曾经在 componentDidMount 中设置的计时器，如代码清单 2-19 所示

代码清单 2-19 生命周期方法 componentWillUnmount

```
class MainComponent extends Component {
    handleClick() {
        this._timeout = setTimeout(() => {
            this.openWidget();
        }, 2000);
    }
    componentWillUnmount() {
        clearTimeout(this._timeout);
    }
    render() {
```

```
            return <SomeComponent
        handleClick={() => this.handleClick()} />
    }
}
```

本章小结

- 状态 state 是一种在 React 组件中处理数据的方法。更新状态会重新渲染组件的 UI 以及以此数据作为属性的任何子组件。
- 属性 props 是数据通过 React Native 应用程序传递给子组件的方式。更新属性就会自动更新接收同一属性的任何组件。
- React 组件规范是用于定义组件的一组方法和属性。render 是创建 React 组件时唯一必需的方法,其他方法和属性都是可选的。
- React 组件的生命周期有 3 个主要阶段:创建(安装)、更新和删除(卸载)。每个阶段都有一套生命周期方法。
- React 生命周期方法在组件生命周期的特定时间点得以执行。它们控制组件的运行和更新方式。

第 3 章
构建 React Native 应用程序

本章内容包括：
- 从头开始构建一个备忘录应用程序 todo app。
- 轻松调试。

在学习新的框架、技术、语言或概念时，直接从构建真实的应用程序入手是一种很好的学习方法。目前，读者已经了解了 React 和 React Native 的基础知识，下面就把这些知识融合在一起来构建一个备忘录应用程序 todo app。在构建这个小应用程序的过程中，会使用到前面章节介绍过的知识，这必将加深读者对 React Native 工作原理的理解。

上述应用程序中会出现一些本书尚未介绍的功能，以及尚未讨论的一些样式差别，请读者不必担心，先大胆地搭建起来，涉及的新概念会在后续章节中进行详细介绍。借此机会可以体验一边学习一边实践的乐趣：随时破解并修复各种样式和组件，看看会发生什么奇妙情况？

3.1 todo app 布局

现在开始构建 todo app。它的风格和功能与 TodoMVC 网站（http://todomvc.com）上的应用程序类似。图 3-1 显示了该应用程序完成后的外观，可以基于此外观来选取所需组件进行搭建。与第 1 章做法相同，图 3-2 将该应用程序分解为多个组件和容器组件。下面详述如何使用 React Native 组件实现图示的外观效果，如代码清单 3-1 所示。

代码清单 3-1 todo app 的基本实现

```
<View>
    <Heading />
    <Input />
    <TodoList />
    <Button />
```

```
<TabBar />
</View>
```

这款应用程序将显示标题、输入、按钮和选项栏。当用户添加一项待办事项时,应用程序会将其添加到待办事项数组,并在输入下方显示这一新的待办事项。每个待办事项都有两个按钮:Done(完成)和 Delete(删除)。Done 按钮标记完成,Delete 按钮将事项从待办事项数组中删除。在屏幕的底部,选项栏将根据已经完成还是仍然有效这两种状态来过滤待办事项。

图 3-1　todo app 设计

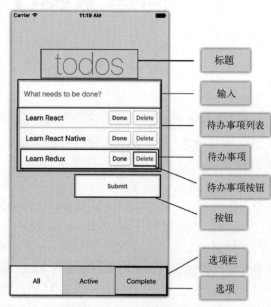

图 3-2　todo app 细节描述

3.2　todo app 编码

下面开始编写这款应用程序的代码。在用户的终端键入 react-native init TodoApp,如图 3-3 所示,就可以创建这个新的 React Native 项目。然后进入索引文件:如果是为 iOS 进行开发,就打开 index.iOS.js;如果是为 Android 进行开发,就打开 index.Android.js。在这两个平台上的代码都是一样的。

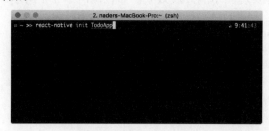

图 3-3　初始化一个新的 React Native 应用程序

第 3 章 构建 React Native 应用程序

注意：本例子中使用的是 React Native 0.51.0 版本。更新的版本可能会有 API 更改，不过构建 todo app 并不会破坏任何内容。欢迎使用最新版本的 React Native，但是如果遇到问题，还请使用本例中所使用的确切版本 React Native 0.51.0。

在索引文件中，导入 App 组件（即将创建该组件），并删除样式以及后续不再使用的其他组件，如代码清单 3-2 所示。

代码清单 3-2 index.js

```
import React from 'react'
import { AppRegistry } from 'react-native'
import App from './app/App'
    const TodoApp = () => <App />
AppRegistry.registerComponent('TodoApp', () => TodoApp)
```

上述代码中，从 react-native 导入了 AppRegistry，还导入了主要的 App 组件，该组件随后即将创建。

在 AppRegistry 方法中，启动了这款应用程序。AppRegistry 是运行所有 React Native 应用程序的 JS 入口点，它有两个参数：一是 appKey 或在初始化应用程序时定义的应用程序的名称；二是一个函数，它返回需用作应用程序入口点的 React Native 组件。本例中将返回在代码清单 3-2 中声明的 TodoApp 组件。

下面，在应用程序的根目录中创建一个名为 app 的文件夹。在 app 文件夹中，创建一个名为 App.js 的文件，并添加代码清单 3-3 中的代码。

代码清单 3-3 创建 App 组件

```
import React, { Component } from 'react'
import { View, ScrollView, StyleSheet } from 'react-native'

class App extends Component {
    render() {
        return (
            <View style={styles.container}>
                <ScrollView keyboardShouldPersistTaps='always'
                    style={styles.content}>
                    <View/>
                </ScrollView>
            </View>
        )
    }
}

const styles = StyleSheet.create({
    container: {
```

```
        flex: 1,
        backgroundColor: '#f5f5f5'
    },
    content: {
        flex: 1,
        paddingTop: 60
    }
})

export default App
```

以上代码中，导入了一个名为 ScrollView 的新组件，它基本上是一个可滚动的 View 组件。以上代码添加了 always 的 keyboardShouldPersistTaps 属性：如果键盘处于打开状态，此属性将关闭键盘，并允许 UI 处理任何 onPress 事件。代码中要确保 ScrollView 和 ScrollView 的父视图都具有一个 flex：1 的值。flex：1 是样式值，使该组件填充其父容器的整个空间。

下面为稍后需要的某些值设置初始状态。首先需要一个数组来保存待办事项，可以将其命名为 todos；其次需要一个名为 inputValue 的值，用于保存 TextInput 的当前状态，TextInput 可增加待办事宜；另外还需要一个名为 type 的值，用于存储当前正在查看的待办事项的类型（All、Current 或 Active）。

在以下 App.js 中，render 函数之前，向该类中添加了一个构造函数和一个初始状态，对状态中的值进行初始化，如代码清单 3-4 所示。

代码清单 3-4　设置初始状态

```
...
class App extends Component {
    constructor() {
        super()
        this.state = {
            inputValue: '',
            todos: [],
            type: 'All'
        }
    }
    render() {
        ...
    }
}
...
```

接下来，创建标题 Heading 组件并为其指定样式。在 app 文件夹中，创建一个名为 Heading.js 的文件。以下是一个无状态组件，如代码清单 3-5 所示。

代码清单 3-5　创建标题 Heading 组件

```
import React from 'react'
import { View, Text, StyleSheet } from 'react-native'
const Heading = () => (
    <View style={styles.header}>
        <Text style={styles.headerText}>
            todos
        </Text>
    </View>
)
const styles = StyleSheet.create({
    header: {
        marginTop: 80
    },
    headerText: {
        textAlign: 'center',
        fontSize: 72,
        color: 'rgba(175, 47, 47, 0.25)',
        fontWeight: '100'
    }
})
export default Heading
```

请注意，在 headerText 的样式中，会将一个 rgba 值传递给 color。rgba 代表 red（红色）、green（绿色）、blue（蓝色）和 alpha 的色彩空间，前 3 个值构成 RGB 颜色值，最后一个值表示不透明度。以上代码中，传入的 alpha 值为 0.25 或 25%，将字体粗细设置为 100，这将使文本的外观更加轻薄。

下面返回到 App.js，导入 Heading 组件，将其放在 Scroll View 中，替换掉原来放在那里的空视图，如代码清单 3-6 所示。

运行应用，查看新标题和应用布局，如图 3-4 所示。若在 iOS 中运行这款应用，请使用 react-native run-ios；若在 Android 中运行这款应用，请在用户的终端上使用来自 React Native 应用程序根目录的 react-native run-android。

图 3-4　运行该款应用

代码清单 3-6　导入和使用标题 Heading 组件

```
import React, { Component } from 'react'
import {View, ScrollView, StyleSheet} from 'react-native'
import Heading from './Heading'
class App extends Component {
    ...
```

```
    render() {
        return (
            <View style={styles.container}>
                <ScrollView
                keyboardShouldPersistTaps='always'
                style={styles.content}>
                    <Heading />
                </ScrollView>
            </View>
        )
    }
}
```

接下来,创建 TextInput 组件并为其指定样式。在 app 文件夹中,创建一个名为 Input.js 的文件,如代码清单 3-7 所示。

代码清单 3-7 创建 TextInput 组件

```
import React from 'react'
import { View, TextInput, StyleSheet } from 'react-native'
const Input = () => (
    <View style={styles.inputContainer}>
        <TextInput
        style={styles.input}
        placeholder='What needs to be done?'
        placeholderTextColor='#CACACA'
        selectionColor='#666666' />
    </View>
)
const styles = StyleSheet.create({
    inputContainer: {
        marginLeft: 20,
        marginRight: 20,
        shadowOpacity: 0.2,
        shadowRadius: 3,
        shadowColor: '#000000',
        shadowOffset: { width: 2, height: 2 }
    },
    input: {
        height: 60,
        backgroundColor: '#ffffff',
        paddingLeft: 10,
        paddingRight: 10
```

```
    }
})
export default Input
```

以上代码中使用一个名为 TextInput 的新组件，类似于 Web 开发中 HTML 的 input，另外还为 TextInput 和外部 View 提供了样式。

此外，TextInput 还有一些其他属性。上述代码中指定了一个占位符，用于在用户开始输入之前就显示文本，placeholderTextColor 用于设置占位符文本的样式，selectionColor 用于为 TextInput 设置光标的样式。

下面，在 3.4 节中将介绍一个函数来获取 TextInput 的值，并将其保存到 App 组件的状态中。还将进入 App.js，在 constructor 和 render 函数之间添加一个名为 inputChange 的新函数，此函数将使用传入的值更新 inputValue 的状态值，同时还将输出 inputValue 的值，以确保该函数使用 console.log() 能正常运行。若要在 React Native 中查看 console.log() 语句，首先需要打开开发者菜单。下一节内容将详述其工作原理。

3.3 打开开发者菜单

开发者菜单是一个 React Native 的内置菜单，可以访问开发者所需要的主要调试工具，在 iOS 模拟器或 Android 模拟器中都可以打开。在本节内容中，将展示在以上两个平台中如何打开和使用开发者菜单。

注意：若读者对开发者菜单不感兴趣，或想暂时跳过此部分，请转至第 3.4 节继续构建 todo app。

3.3.1 在 iOS 模拟器中打开开发者菜单

当项目在 iOS 模拟器中运行时，可以通过以下任意一种方式打开开发者菜单。
- 按键盘上的〈Cmd+D〉组合键。
- 按键盘上的〈Cmd+Ctrl+Z〉组合键。
- 在模拟器选项中打开 Hardware→Shake Gesture 菜单，如图 3-5 所示。

这样就可以看到开发者菜单，如图 3-6 所示。

注意：如果以第一或第二种方式，即〈Cmd+D〉组合键或〈Cmd+Ctrl+Z〉组合键未能打开菜单，可能是硬件与键盘没有连接，因此，请先转至模拟器菜单中的硬件→键盘→连接硬件键盘（Hardware→Keyboard→Connect Hardware Keyboard）。

3.3.2 在 Android 模拟器中打开开发者菜单

当项目在 Android 模拟器中运行时，可以通过以下任意一种方式打开开发者菜单。
- 按键盘上的〈F2〉键。

- 按键盘上的〈Cmd+M〉组合键。
- 按 Hardware menu 按钮，如图 3-7 所示。

这样就可以看到开发者菜单，如图 3-8 所示。

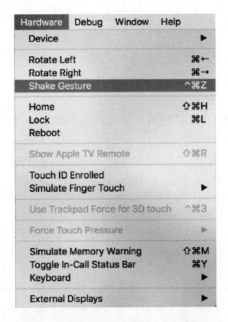

图 3-5　手动打开开发者菜单（iOS 模拟器）

图 3-6　React Native 开发者菜单（iOS 模拟器）

图 3-7　手动打开 Hardware 菜单（Android 模拟器）

图 3-8　React Native 开发者菜单（Android 模拟器）

3.3.3 使用开发者菜单

打开开发者菜单，应该看到以下选项。

- Reload（iOS 和 Android）——重新加载应用。上述操作也可以通过按键盘上的〈Cmd+R〉组合键（iOS）或单击〈R〉键两次（Android）来完成。
- Debug JS Remotely（iOS 和 Android）——打开 Chrome 开发工具，由浏览器提供全面的调试支持，如图 3-9 所示。这里不仅可以访问代码中的日志语句，还可以访问断点以及调试 Web 应用程序时所使用的任何内容（DOM 除外）。若需要记录应用中的任何信息或数据，通常采用这种方法。

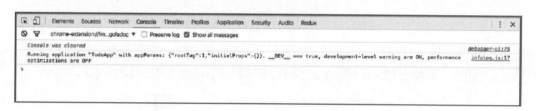

图 3-9　在 Chrome 中进行调试

- Enable Live Reload（iOS 和 Android）——实时重新加载。当对代码进行更改时，整个应用将在模拟器中重新加载和刷新。
- Start Systrace（仅限 iOS）——Systrace 是一个分析工具。可以让开发者清楚地知道在应用运行期间每 16ms 帧中的时间消耗位置。已分析的代码块由开始/结束（start/end）标记包围，然后以彩色图表格式显示。另外，也可以从 Android 中的命令行手动启用 Systrace。如果想了解更多信息，请查看该文档以获得全面介绍。
- Enable Hot Reloading（iOS 和 Android）——启用热加载是 React Native 版本.22 中添加的一项很棒的功能。它可以为开发者带来惊喜，使他们能够在文件更改时立即查看更改，并且不会丢失应用的当前状态。这一功能特别有助于在应用中深入进行 UI 更改而又不会丢失状态。热加载（hot reloading）不同于实时加载（live reloading），区别在于热加载保留了应用的当前状态，仅更新已更改的组件和状态；而实时加载会重新加载整个应用，因此丢失了当前状态，简言之，热加载类似于局部刷新。
- Toggle Inspector（iOS 和 Android）——显示一个类似于 chrome dev 工具的属性检查器。可以单击一个元素，查看它在组件层次结构中的位置，以及应用于该元素的样式，如图 3-10 所示。

 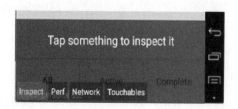

图 3-10　使用属性检查器（左：iOS，右：Android）

- Show Perf Monitor（iOS 和 Android）——显示 Perf Monitor。在应用的左上角显示一个小方框，提供有关应用性能的信息。这里可以看到正在使用的 RAM 量以及应用当前每秒运行的帧数。如果单击该框，将展开显示更多信息，如图 3-11 所示。

图 3-11　Perf Monitor
a) iOS　b) Android

- Dev Settings（仅限 Android 模拟器）——开发设置，提供其他调试选项，比如，在 __DEV__ 环境变量 true 或 false 之间切换的简便方法，如图 3-12 所示。

图 3-12　Dev Settings（Android 模拟器）

3.4　继续构建 todo app

在前面章节中，读者已经了解了开发者菜单的工作原理，打开该菜单，单击 Debug JS Remotely 打开 Chrome 开发工具，这样就已经做好准备，开始将信息记录到 JavaScript 控制台。

第 3 章 构建 React Native 应用程序

代码清单 3-8 中，将 Input 组件导入 app/App.js，并给 TextInput 附加一个方法，将其作为 Input 的一个属性。另外，将存储在状态中的 inputValue 作为属性传递给 Input。

代码清单 3-8 创建 inputChange 函数

```
...
import Heading from './Heading'
import Input from './Input'
class App extends Component {
  constructor() {
    …
  }
  inputChange(inputValue) {        // 创建inputChange方法，该
    console.log(' Input Value: ' , inputValue)   // 方法将inputValue作为参数
    this.setState({ inputValue })  // 注销inputValue的值以
  }                                // 确保该方法正常运行
  render() {
    const { inputValue } = this.state   // 使用新值设置状态——与
    return (                            // this.setState（{inputValue：
      <View style={styles.container}>   // inputValue}）相同
        <ScrollView
          keyboardShouldPersistTaps='always'
          style={styles.content}>
          <Heading />
          <Input                        // 将inputValue作为属性传递
            inputValue={inputValue}     // 给Input组件
            inputChange={(text) => this.inputChange(text)} />
        </ScrollView>                   // 将inputChange作为属性传
      </View>                           // 递给Input组件
    )
}}
```

在以上代码中，inputChange 接受了一个参数，即 TextInput 的值，并使用 TextInput 中返回的值更新了状态中的 inputValue。

下面，需要使用 Input 组件中的 TextInput 连接该函数。首先打开 app/Input.js，然后使用新的 inputChange 函数和 inputValue 属性更新 TextInput 组件，如代码清单 3-9 所示。

代码清单 3-9 将 inputChange 和 inputValue 添加到 TextInput

```
...
const Input = ({ inputValue, inputChange }) => (   // 解构inputValue和
  <View style={styles.inputContainer}>             // inputChange属性
    <TextInput
      value={inputValue}
      style={styles.input}
      placeholder='What needs to be done?'
      placeholderTextColor='#CACACA'
```

53

```
            selectionColor='#666666'            将onChangeText方法
            onChangeText={inputChange} />       设置给inputChange
        </View>
    )
    ...
```

以上代码中，在创建无状态组件时解构属性 inputValue 和 inputChange。当 TextInput 的值更改时，调用 inputChange 函数，并将值传递给父组件以设置 inputValue 的状态。以上代码中，还将 TextInput 的值设置为 inputValue，以便稍后可以控制和重置 TextInput。onChangeText 是一个方法，每次更改 TextInput 组件的值时都会调用该方法，并将 TextInput 的值传递给该方法。

再次运行该项目就会发现外观已改变，如图 3-13 所示。应用正在记录用户的输入，因此在输入时可以看到这些输入的值已经被记录到了控制台上，如图 3-14 所示。

图 3-13　添加 TextInput 后的视图　　　图 3-14　使用 inputChange 方法输出 TextInput 值

因为 inputValue 的值存储在状态中，所以需要创建一个按钮将这些输入项添加到待办事项 todo 列表中。在执行此操作之前，创建一个将绑定到按钮的函数，以便将新的 todo 添加到构造函数中定义的 todo 数组中。然后，调用函数 submitTodo，并将其放在 inputChange 函数之后、render 函数之前，如代码清单 3-10 所示。

第 3 章 构建 React Native 应用程序

代码清单 3-10 添加 submitTodo 函数

```
...
submitTodo () {
  if (this.state.inputValue.match(/^\s*$/)) {
    return
  }
  const todo = {
    title: this.state.inputValue,
    todoIndex,
    complete: false
  }
  todoIndex++
  const todos = [...this.state.todos, todo]
  this.setState({ todos, inputValue: '' }, () => {
    console.log('State: ', this.state)
  })
}
...
```

注释说明：
- 如果 inputValue 不为空，则创建 todo 变量并为其赋予一个带有 title、todoIndex 和完整布尔值的对象（即创建 todoIndex）
- 检查 inputValue 是否为空或仅包含空格。若为空，则不做任何其他操作，直接返回
- todoIndex 递增
- 将新的待办事项 todo 推送到现有的待办事项数组中
- 设置状态后，可以选择传递回调函数。此处，来自 setState 的回调函数将状态注销以确保正常
- 设置 todos 的状态以匹配 this.state.todos 的更新数组，并将 inputValue 重置为空字符串

接下来，在 App.js 文件的顶部创建 todoIndex，放在最后一条 import 语句下面，如代码清单 3-11 所示。

代码清单 3-11 创建 todoIndex 变量

```
...
import Input from './Input'
let todoIndex = 0
class App extends Component {
...
```

既然已经创建了 submitTodo 函数，就需要创建一个名为 Button.js 的文件与该函数连接以使用该按钮，如代码清单 3-12 所示。

代码清单 3-12 创建 Button 组件

```
import React from 'react'
import { View, Text, StyleSheet, TouchableHighlight } from 'react-native'
const Button = ({ submitTodo }) => (
  <View style={styles.buttonContainer}>
    <TouchableHighlight
      underlayColor='#efefef'
      style={styles.button}
```

解构 submitTodo 函数，作为属性传递给组件

```
      onPress={submitTodo}>              ← 将submitTodo附加到TouchableHighlight组件
      <Text style={styles.submit}>          可用的onPress函数。触摸或按下Touchable-
        Submit                              Highlight就会调用此函数
      </Text>
    </TouchableHighlight>
  </View>
)


const styles = StyleSheet.create({
  buttonContainer: {
    alignItems: 'flex-end'
  },
  button: {
    height: 50,
    paddingLeft: 20,
    paddingRight: 20,
    backgroundColor: '#ffffff',
    width: 200,
    marginRight: 20,
    marginTop: 15,
    borderWidth: 1,
    borderColor: 'rgba(0,0,0,.1)',
    justifyContent: 'center',
    alignItems: 'center'
  },
  submit: {
      color: '#666666',
      fontWeight: '600'
  }
})
export default Button
```

在此组件中，首次使用了 TouchableHighlight，这是一种在 React Native 中创建按钮的方法，基本相当于 HTML 中的 button 元素。

使用 TouchableHighlight 可以包装视图并使其对触摸事件做出正确响应。按下 TouchableHighlight 时，默认的 backgroundColor 就会被替换为指定的 underlayColor 属性。以上代码中指定了一个'#efefef'的 underlayColor，是浅灰色；背景颜色为白色。上述做法使用户清楚地了解触摸事件是否已注册，若尚未定义 underlayColor，其默认为黑色。

TouchableHighlight 仅支持一个主要的子组件，以上代码中传入了一个 Text 组件。如果想在 TouchableHighlight 中使用多个组件，请先将它们包装在一个视图中，并将此视图作为 TouchableHighlight 的子项进行传递。

第 3 章 构建 React Native 应用程序

注意：代码清单 3-12 中涉及了很多的样式，在本章中不必过多忧心这些样式细节，相关内容将在第 4 章和第 5 章进行深入探讨。在本章中只需仔细查看这些样式，了解其在每个组件中的工作原理，这样会对后续章节提供很多帮助。

上文中，已经创建了 Button 组件并使用 App.js 中定义的函数与其相连接，下面就将此组件带入应用程序（app/App.js），看看它是否好用，如代码清单 3-13 所示。

代码清单 3-13　导入 Button 组件

```
...
import Button from './Button'          ← 导入新的Button组件

let todoIndex = 0

...
constructor() {
    super()
    this.state = {
      inputValue: '',
      todos: [],
      type: 'All'
    }
    this.submitTodo = this.submitTodo.bind(this)   ← 将方法绑定到构造函数
}                                                     中的类。因为类正在使
...                                                   用中，所以函数不会自
render () {                                           动绑定到类
    let { inputValue } = this.state
    return (
      <View style={styles.container}>
        <ScrollView
          keyboardShouldPersistTaps='always'
          style={styles.content}>
          <Heading />
          <Input
            inputValue={inputValue}
            inputChange={(text) => this.inputChange(text)} />
          <Button submitTodo={this.submitTodo} />   ← 将Button放在Input组件下
        </ScrollView>                                  面，并将submitTodo作为
      </View>                                          属性传递
    )
}
```

以上代码导入 Button 组件并将其放在 render 函数的 Input 组件下。submitTodo 作为 this.submitTodo 的属性传递给 Button。

下面，刷新这款应用程序，如图 3-15 所示。添加待办事项 todo 时，TextInput 应该清空，

应用的状态应该记录到控制台上,显示带有新 todo 的待办事项数组 todos,如图 3-16 所示。

图 3-15　使用 Button 组件更新应用

图 3-16　记录状态

欲将待办事项添加到 todos 数组中并将它们渲染到屏幕上,需要先创建两个新组件:TodoList 和 Todo。TodoList 将渲染 Todos 列表,并为每个 todo 使用 Todo 组件。首先需要在 app 文件夹中创建一个名为 Todo.js 的文件,如代码清单 3-14 所示。

代码清单 3-14　创建 Todo 组件

```
import React from 'react'
import { View, Text, StyleSheet } from 'react-native'
const Todo = ({ todo }) => (
    <View style={styles.todoContainer}>
```

第 3 章 构建 React Native 应用程序

```
        <Text style={styles.todoText}>
            {todo.title}
        </Text>
    </View>
)
const styles = StyleSheet.create({
    todoContainer: {
        marginLeft: 20,
        marginRight: 20,
        backgroundColor: '#ffffff',
        borderTopWidth: 1,
        borderRightWidth: 1,
        borderLeftWidth: 1,
        borderColor: '#ededed',
        paddingLeft: 14,
        paddingTop: 7,
        paddingBottom: 7,
        shadowOpacity: 0.2,
        shadowRadius: 3,
        shadowColor: '#000000',
        shadowOffset: { width: 2, height: 2 },
        flexDirection: 'row',
        alignItems: 'center'
    },
    todoText: {
        fontSize: 17
    }
})
export default Todo
```

以上 Todo 组件带有一个属性 todo,在 Text 组件中渲染标题。用户也可以为 View 和 Text 组件添加样式。

接下来,创建 TodoList 组件(app/TodoList.js),如代码清单 3-15 所示。

代码清单 3-15 创建 TodoList 组件

```
import React from 'react'
import { View } from 'react-native'
import Todo from './Todo'
const TodoList = ({ todos }) => {
    todos = todos.map((todo, i) => {
        return (
            <Todo
                key={todo.todoIndex}
                todo={todo} />
```

```
        )
    })
    return (
        <View>
            {todos}
        </View>
    )
}
export default TodoList
```

以上 TodoList 组件现在采用了一个属性：一个 todos 数组。通过映射这些待办事项并为每个待办事项创建一个新的 Todo 组件（在文件顶部导入），将这些待办事项作为属性传递给 Todo 组件。可以指定一个键并将 todo 项的索引作为每个组件的键进行传递。key 属性有助于 React 识别在计算具有虚拟 DOM 的 diff 时已更改的项。若遗漏此属性，React 会报警。

下面，将 TodoList 组件导入 App.js 文件并将 todos 作为属性传入，如代码清单 3-16 所示。

代码清单 3-16　导入 TodoList 组件

```
...
import TodoList from './TodoList'
...
render () {
    const { inputValue, todos } = this.state
    return (
        <View style={styles.container}>
            <ScrollView
                keyboardShouldPersistTaps='always'
                style={styles.content}>
                <Heading />
                <Input inputValue={inputValue} inputChange={(text) => this.
                    inputChange(text)} />
                <TodoList todos={todos} />
                <Button submitTodo={this.submitTodo} />
            </ScrollView>
        </View>
    )
}
...
```

运行这款应用。当用户添加一个待办事项时，就会看到该事项出现在待办事项列表中，如图 3-17 所示。

以下步骤是将某一待办事项标记为完成，并删除该事项。打开 App.js，并在 submitTodo 函数下创建 toggleComplete 和 deleteTodo 函数。toggleComplete 用于切换该事项是否完整，deleteTodo 用于删除该事项，如代码清单 3-17 所示。

第 3 章 构建 React Native 应用程序

图 3-17 使用 TodoList 组件更新应用程序

代码清单 3-17 添加 toggleComplete 和 deleteTodo 函数

将 toggleComplete 方法绑定到构造函数中的类

将 deleteTodo 方法绑定到构造函数中的类

deleteTodo 将 todoIndex 作为参数，过滤待办事项，目的是返回除了传入索引之外的其他所有待办事项，然后将状态重置为剩余的待办事项

```
constructor () {
...
    this.toggleComplete = this.toggleComplete.bind(this)
    this.deleteTodo = this.deleteTodo.bind(this)
}
...
deleteTodo (todoIndex) {
    let { todos } = this.state
    todos = todos.filter((todo) => todo.todoIndex !== todoIndex)
    this.setState({ todos })
}


toggleComplete (todoIndex) {
    let todos = this.state.todos
    todos.forEach((todo) => {
        if (todo.todoIndex === todoIndex) {
            todo.complete = !todo.complete
        }
    })
    this.setState({ todos })
}
...
```

toggleComplete 也是将 todoIndex 作为参数，循环遍历待办事项，直到找到具有给定索引的待办事项。它将 complete 的布尔值更改为当前设置的相反值，然后重置待办事项的状态

61

要挂接这些函数，需要创建一个按钮组件以传递给待办事项。下面，在 app 文件夹中，创建一个名为 TodoButton.js 的新文件，如代码清单 3-18 所示。

代码清单 3-18　创建 TodoButton.js

```jsx
import React from 'react'
import { Text, TouchableHighlight, StyleSheet } from 'react-native'

const TodoButton = ({ onPress, complete, name }) => (     // 将onPress、complete
  <TouchableHighlight                                      // 和name作为属性
    onPress={onPress}
    underlayColor='#efefef'
    style={styles.button}>
    <Text style={[
      styles.text,
      complete ? styles.complete : null,                   // 检查complete是否为
      name === 'Delete' ? styles.deleteButton : null ]}    // true，并应用样式
    >
      {name}                                               // 检查name属性是否等
    </Text>                                                // 于"Delete"。如果是，
  </TouchableHighlight>                                    // 则应用样式
)
const styles = StyleSheet.create({
    button: {
        alignSelf: 'flex-end',
        padding: 7,
        borderColor: '#ededed',
        borderWidth: 1,
        borderRadius: 4,
        marginRight: 5
    },
    text: {
        color: '#666666'
    },
    complete: {
        color: 'green',
        fontWeight: 'bold'
    },
    deleteButton: {
        color: 'rgba(175, 47, 47, 1)'
    }
})
export default TodoButttton
```

下面，将这些新函数作为属性传递给 TodoList 组件，如代码清单 3-19 所示。

代码清单 3-19　将 toggleComplete 和 deleteTodo 作为属性传递给 TodoList

```
render () {
    ...
        <TodoList
            toggleComplete={this.toggleComplete}
            deleteTodo={this.deleteTodo}
            todos={todos} />
        <Button submitTodo={this.submitTodo} />
    ...
}
```

下面，将 toggleComplete 和 deleteTodo 作为属性传递给 Todo 组件，如代码清单 3-20 所示。

代码清单 3-20　将 toggleComplete 和 deleteTodo 作为属性传递给 ToDo

```
...
const TodoList = ({ todos, deleteTodo, toggleComplete }) => {
    todos = todos.map((todo, i) => {
        return (
            <Todo
                deleteTodo={deleteTodo}
                toggleComplete={toggleComplete}
                key={i}
                todo={todo} />
        )
    })
...
```

最后，打开 Todo.js 更新 Todo 组件，以导入新的 TodoButton 组件和按钮容器的样式，如代码清单 3-21 所示。

代码清单 3-21　更新 Todo.js 以导入 TodoButton 及其功能

```
import TodoButton from './TodoButton'
...
const Todo = ({ todo, toggleComplete, deleteTodo }) => (
    <View style={styles.todoContainer}>
        <Text style={styles.todoText}>
            {todo.title}
        </Text>
        <View style={styles.buttons}>
            <TodoButton
                name='Done'
                complete={todo.complete}
                onPress={() => toggleComplete(todo.todoIndex)} />
            <TodoButton
                name='Delete'
```

```
                onPress={() => deleteTodo(todo.todoIndex)} />
        </View>
    </View>
)
const styles = StyleSheet.create({
    ...
    buttons: {
        flex: 1,
        flexDirection: 'row',
        justifyContent: 'flex-end',
        alignItems: 'center'
    },
    ...
})
```

以上代码中，添加了两个 Todobuttons：一个名为 Done，另一个名为 Delete。将 toggleComplete 和 deleteToDo 作为函数传递，以备 todobutton.js 中定义的 onPress 调用。如果刷新应用并添加一个待办事项，就会看到新的按钮，如图 3-18 所示。

图 3-18　显示 TodoButtons 的应用

第 3 章 构建 React Native 应用程序

如果单击"Done"(完成),则按钮文本应为粗体和绿色。如果单击"Delete"(删除),则待办事项应从待办事项列表中消失。

至此,这款应用基本完成。最后一步是构建一个选项栏过滤器,用于显示 3 类事项:All(所有待办事项)、Completed(仅显示已经完成的事项)、或 Active(仅显示尚未完成的待办事项)。上述功能需要先创建一个新函数,以设置欲显示事项的类型。

在构造函数中,首次创建应用时将状态类型变量设置为"All"。下面,创建一个名为 setType 的函数,该函数将 type 作为参数来更新状态中的类型。此函数的位置是在 App.js 中 toggleComplete 函数下面,如代码清单 3-22 所示。

代码清单 3-22 添加 setType 函数

```
constructor () {
    ...
    this.setType = this.setType.bind(this)
}
...
setType (type) {
    this.setState({ type })
}
...
```

接下来,需要创建 TabBar 和 TabBarItem 组件。首先创建 TabBar 组件:在 app 文件夹中添加名为 tabbar.js 的文件,如代码清单 3-23 所示。

代码清单 3-23 创建 TabBar 组件

```
import React from 'react'
import { View, StyleSheet } from 'react-native'
import TabBarItem from './TabBarItem'
const TabBar = ({ setType, type }) => (
    <View style={styles.container}>
        <TabBarItem type={type} title='All'
            setType={() => setType('All')} />
        <TabBarItem type={type} border title='Active'
            setType={() => setType('Active')} />
        <TabBarItem type={type} border title='Complete'
            setType={() => setType('Complete')} />
    </View>
)
const styles = StyleSheet.create({
    container: {
        height: 70,
        flexDirection: 'row',
        borderTopWidth: 1,
        borderTopColor: '#dddddd'
    }
```

```
})
export default TabBar
```

以上组件有两个属性：setType 和 type。两者都是从主 App 组件传递下来的。

下面来导入尚未定义的 TabBarItem 组件。每个 TabBarItem 组件都有 3 个属性：title、type 和 setType。其中两个组件也采用 border 属性（布尔值），设置 border 属性可以添加左边框样式。

接下来，在 app 文件夹中创建名为 TabBarItem.js 的文件，如代码清单 3-24 所示。

代码清单 3-24　创建 TabBarItem 组件

```
import React from 'react'
import { Text, TouchableHighlight, StyleSheet } from 'react-native'
const TabBarItem = ({ border, title, selected, setType, type }) => (
    <TouchableHighlight
        underlayColor='#efefef'
        onPress={setType}
        style={[
            styles.item, selected ? styles.selected : null,
            border ? styles.border : null,
            type === title ? styles.selected : null ]}>
        <Text style={[ styles.itemText, type === title ? styles.bold : null ]}>
            {title}
        </Text>
    </TouchableHighlight>
)
const styles = StyleSheet.create({
    item: {
        flex: 1,
        justifyContent: 'center',
        alignItems: 'center'
    },
    border: {
        borderLeftWidth: 1,
        borderLeftColor: '#dddddd'
    },
    itemText: {
        color: '#777777',
        fontSize: 16
    },
    selected: {
        backgroundColor: '#ffffff'
    },
    bold: {
        fontWeight: 'bold'
    }
})
export default TabBarItem
```

第 3 章 构建 React Native 应用程序

在以上 TouchableHighlight 组件中，可以检查一些属性并据此设置样式。如果 selected 为 true，则为其指定样式 styles.selected。如果 border 为 true，则为其指定样式 styles.border。如果 type 等于 title，则为其指定样式 styles.selected。

在 Text 组件中，还要检查 type 是否等于 title。如果是，则为其添加粗体样式。

要实现 TabBar，请打开 app/app.js，导入 TabBar 组件并设置它。同时，还要将 type 引入 render 函数，来作为解构 this.state 的一部分，如代码清单 3-25 所示。

代码清单 3-25 实现 TabBar 组件

```
...
import TabBar from './TabBar'
class App extends Component {
    ...
    render () {
        const { todos, inputValue, type } = this.state
        return (
            <View style={styles.container}>
                <ScrollView
                    keyboardShouldPersistTaps='always'
                    style={styles.content}>
                    <Heading />
                    <Input inputValue={inputValue}
                        inputChange={(text) => this.inputChange(text)} />
                    <TodoList
                        type={type}
                        toggleComplete={this.toggleComplete}
                        deleteTodo={this.deleteTodo}
                        todos={todos} />
                    <Button submitTodo={this.submitTodo} />
                </ScrollView>
                <TabBar type={type} setType={this.setType} />
            </View>
        )
    }
}
...
```

以上代码中导入了 TabBar 组件，然后从状态中解构 type，并将其不仅传递给新的 TabBar 组件，还传递给 TodoList 组件；在基于此类型过滤待办事项时，程序会在 1s 内使用此 type 变量。上述代码中，还将 setType 函数作为属性传递给 TabBar 组件。

下面是最后一个步骤，打开 TodoList 组件并添加一个过滤器，根据所选的选项卡，仅返回当前想要返回类型的事项。打开 TodoList.js，从属性中解析出类型，并在 return 语句之前添加以下 getVisibleTodos 函数，如代码清单 3-26 所示。

代码清单 3-26 更新 TodoList 组件

```
...
const TodoList = ({ todos, deleteTodo, toggleComplete, type }) => {
```

67

```
const getVisibleTodos = (todos, type) => {
    switch (type) {
        case 'All':
        return todos
        case 'Complete':
        return todos.filter((t) => t.complete)
        case 'Active':
        return todos.filter((t) => !t.complete)
    }
}
todos = getVisibleTodos(todos, type)
todos = todos.map((todo, i) => {
...
```

以上代码中使用 switch 语句来检查当前设置的类型。如果是 All，则返回整个待办事项列表；如果是 Complete，则过滤待办事项，仅返回已经完成的事项；如果是 Active，则过滤待办事项，仅返回尚未完成的待办事项。

然后，将 todos 变量设置为 getVisibleTodos 的返回值。运行该应用程序并查看新的 TabBar，如图 3-19 所示。TabBar 将根据所选类型对事项进行过滤。

图 3-19 todo app 最终样式

第 3 章　构建 React Native 应用程序

本章小结

- AppRegistry 是运行所有 React Native 应用程序的 JavaScript 入口点。
- React Native 中的组件 TextInput 类似于 HTML 中的 input。可以为该组件指定多个属性，比如，占位符 placeholder 用于在用户输入之前显示文本内容、placeholderTextColor 用于设置占位符的文本样式以及 selectionColor 用于设置 TextInput 的光标样式。
- TouchableHighlight 是一种在 React Native 中创建按钮的方法，类似于 HTML 中的 button 元素。使用 TouchableHighlight 可以包装视图并使其对触摸事件做出正确响应。
- 介绍了如何在 iOS 和 Android 模拟器中启用开发者工具。
- 使用 JavaScript 控制台（可从开发者菜单获得）调试应用程序并记录有用信息。

第二部分 在 React Native 中开发应用程序

学完本书第一部分的基础知识可以向 React Native 应用程序添加一些功能。第二部分内容包括样式、导航、动画以及如何使用数据架构处理数据（重点关注 Redux）。

第 4 章和第 5 章介绍如何应用样式，既可以与组件内联，也可以在组件可以引用的样式表中应用样式。由于 React Native 组件是应用程序 UI 的主要构建模块，因此第 4 章着重介绍如何使用 View 组件。以第 4 章中介绍的技巧为基础，第 5 章介绍了针对特定平台的样式，以及一些高级技术，比如使用 flexbox 可以使应用程序的布局变得更加容易。

第 6 章将展示两个备受好评和最为常用的导航库：React Navigation 和 React Native Navigation。本章介绍如何创建 3 种主要类型的导航器：选项卡式、堆栈式和抽屉式，以及如何控制导航状态。

第 7 章介绍创建动画的 4 个步骤，动画 API 附带的 4 种可动画组件，如何创建自定义动画组件，以及其他一些有用的技能。

第 8 章探讨如何使用数据架构处理数据。因为 Redux 是在 React 生态系统中最广泛采用的处理数据的方法，所以可以用它来构建应用程序，同时学习数据处理的技能。本章将展示如何使用 Context API 以及 React Native 应用程序实现 Redux，具体方式是通过使用 reducer 来保存 Redux 状态并从示例应用程序中删除一些项目。本章还介绍如何使用 providers 将全局状态传递给应用程序的其余部分，如何使用 connect 函数从子组件访问示例应用程序，以及如何使用 actions 添加功能。

第 4 章
样式入门

本章内容包括：
- 使用 JavaScript 设计样式。
- 应用和组织样式。
- 将样式应用于 View 组件。
- 将样式应用于 Text 组件。

移动应用程序的构建需要天赋，构建得是否漂亮则需要样式。平面设计师对此深有体会。程序开发者有可能不以为然。无论如何，了解 Reactive Native 组件样式设计的基础知识对于创建引人入胜的应用程序至关重要。

若读者具备一些 CSS 的经验，就可以很容易地理解像 background-color:'red'这样的 CSS 规则是什么意思。在刚刚开始阅读本章时，读者似乎认为 React Native 中的样式组件就像 CSS 规则的 camelCase 名称一样简单。例如，在 React Native 组件上设置背景颜色，使用的语法几乎相同 backgroundColor:'red'——这里要预警一下，相似止步于此。

尽量不要固守 CSS 中的做法。对于开发人员而言，采用 React Native 方式设置组件样式是一种更愉快的体验。

本章第一部分概述了样式组件。还介绍了将样式应用于组件的各种方法，以及如何在应用程序中组织样式。早期形成良好的组织习惯会使后续管理变得更加容易，并有助于在未来使用更先进的技术。

由于 React Native 样式是用 JavaScript 来实现的，因此首先介绍如何将样式视为代码，以及如何利用变量和函数等 JavaScript 功能。最后两节介绍设计样式的 View 组件和 Text 组件。本书有时使用简短的例子来说明某一主题，但多数情况下，会真实地描述一些样式。读者将学以致用地构建一个胸卡。

对于本章中的所有示例代码，可以从默认生成的应用程序开始，并使用各自的代码替换 App.js 的内容。完整的源文件可以在 www.manning.com/books/react-native-in-action 和本书的

Git 存储库中找到，网址为 https://github.com/dabit3/react-native-in-action under chapter-4。

4.1 在 React Native 中应用和组织样式

React Native 带有许多内置组件，社区也构建了许多可以用在自己项目中的组件。各种组件有其特定的样式，这些特定样式可能适用于其他类型的组件，也可能不适用。例如，Text 组件支持 fontWeight 属性（fontWeight 是指字体的粗细），但 View 组件却不支持 fontWeight 属性。与此相对应，View 组件支持 flex 属性（flex 是指视图中组件的布局），但 Text 组件却不支持 flex 属性。

有些样式元素在各个组件之间相似但不相同。例如，View 组件支持 shadowColor 属性，而 Text 组件支持 textShadowColor 属性。某些样式（如 ShadowPropTypesIOS）仅适用于特定平台（在本例中为 iOS）。

学习各种样式以及学会操纵这些样式需要花费时间。打好基础很重要，本节将重点介绍样式的基础知识，后续将探索各种样式并构建一个示例胸卡，千里之行始于足下。

提示：关于如何使移动应用程序可用的可靠参考资料，请参阅 Matt Lacey 的著作：Usability Matters（Manning，2018；www.manning.com/books/usability-matters）。

4.1.1 在应用程序中应用样式

为了能够在市场竞争中脱颖而出，移动应用程序必须相貌出众。若是一款功能齐全的应用程序相貌平平，也终究会落得无人问津的下场。不必奢求构建一款全球最热门的应用程序，但求用心打造一款优质产品。外观极大地影响着人们对于一款应用程序的评价。

有多种方式可以将样式应用于 React Native 中的元素。在本书第 1 章和第 3 章中，介绍了内联样式（如代码清单 4-1 所示）和使用 StyleSheet 样式（如代码清单 4-2 所示）。

代码清单 4-1　使用内联样式

```
import React, { Component } from 'react'
import { Text, View } from 'react-native'

export default class App extends Component {
  render () {
    return (
      <View style={{marginLeft: 20, marginTop: 20}}>
        <Text style={{fontSize: 18,color: 'red'}}>Some Text</Text>
      </View>
    )
  }
}
```

将内联样式应用于 React Native 组件

一次应用多个内联样式

以上代码，通过向 styles 属性提供对象，可以一次指定多个样式。

第 4 章　样式入门

代码清单 4-2　引用 StyleSheet 中定义的样式

```
import React, { Component } from 'react'
import { StyleSheet, Text, View } from 'react-native'

export default class App extends Component {
  render () {
    return (
      <View style={styles.container}>          ← 引用样式表中定义的容器样式
        <Text style={[styles.message,styles.warning]}>Some Text</Text>   ← 使用数组从样式表中
      </View>                                                              引用消息和警告样式
    )
  }
}

const styles = StyleSheet.create({
  container: {          ←
    marginLeft: 20,
    marginTop: 20
  },
  message: {            ←    使用StyleSheet.create定义样式
    fontSize: 18
  },
  warning: {            ←
    color: 'red'
  }
});
```

从功能上讲，以上两种方式没有区别。使用 StyleSheet 可以创建一个 style 对象并单独引用每个样式。将样式与 render 方法分离使代码更易于理解，并有助于样式的跨组件重用。

使用类似 warning 的样式名称时，很容易识别消息的意图。但是内联样式 color : 'red' 并没有提供任何信息解释 red（红色）的意义。在某一处指定样式（而不是在许多组件上内联）更加易于更改。比如，欲将警告消息更改为黄色，只需在样式表中一次性地更改 color : 'yellow' 即可。

代码清单 4-2 还显示了如何通过提供样式属性数组来指定多个样式。谨记，在执行此操作时，如果存在重复属性，则传入的最后一个样式将覆盖先前的样式。例如，若提供了下列样式数组，则颜色 color 的最后一个值将覆盖前面所有的值：

```
style={[{color: 'black'},{color: 'yellow'},{color: 'red'}]}
```

在此示例中，颜色将为红色。

以上两种方法（内联样式和样式表引用）还可以组合在一起使用：

```
style={[{color: 'black'}, styles.message]}
```

React Native 的这种灵活性让人喜忧参半。当用户想快速尝试原型时，指定内联样式显然非常容易上手，但从长远来看，在组织样式时需要格外小心，否则应用程序很快就会变得一团糟，难以管理。下一节内容将介绍如何组织样式。通过组织样式，可以更轻松地执行以下操作。

- 维护应用程序的代码库。
- 重用组件的样式。
- 在开发过程中尝试样式更改。

4.1.2 组织样式

正如上一节末尾所言，本书理论上不建议使用内联样式，而推荐使用样式表，这是一种更加有效的样式管理方式。现实意义何在？

在设计网站样式时，建议始终使用样式表，现在比较流行使用 Sass、Less 和 PostCSS 等工具为整个应用程序创建整体样式表。在网络世界中，样式基本上是全局的，但 React Native 并非如此。React Native 以组件为基础模块，就是要让组件尽可能独立并且可重用，这种模块化构建方式与样式的全局化显然背道而驰。因此在 React Native 中，样式的范围限定封装在组件内，而不是整个应用程序内。

如何完成上述封装工作，完全取决于开发团队的偏好，没有对错之分。在 React Native 社区有以下两种常见的方法。

- 在组件所在的文件中声明样式表。
- 在组件以外的单独文件中声明样式表。

1. 在组件所在的文件中声明样式表

如前文所述，有一种声明样式的方式是将其封装在组件内部。这种方法的主要优点在于组件及其样式完全封装在一个文件中，便于在应用程序的任何位置移动或使用该组件。此为组件设计的常用方法，经常出现在 React Native 社区。

将样式表定义包含在组件中时，通常是在组件后指定样式。本书中的所有代码清单也都遵循此惯例。

2. 在单独文件中声明样式表

如果开发者已经习惯于编写 CSS，那么将样式放到一个单独的文件中会是一个更好的选择，因为此法感觉更熟悉。样式表定义可以放在单独的文件中来创建，并且可以随意命名，（如非常典型的 styles.js），但要确保扩展名必须是 .js，因为这毕竟是一个 JavaScript 文件。谨记，样式表文件和组件文件需要保存在同一个文件夹中。

如图 4-1 所示的文件结构，一方面保持了组件和样式之间的紧密关系；另一方面，没有把样式定义与组件的功能混为一谈，因此结构清晰。代码清单 4-3 对应于一个 styles.js 文件，该文件用于为图中的 ComponentA 和 ComponentB 设置样式。在定义样式表时使用有意义的名称可以清楚地表明在对哪个部分进行样式设计。

第 4 章 样式入门

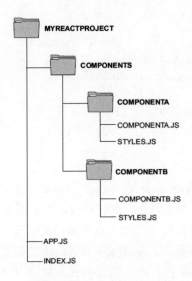

图 4-1 文件结构示例,其样式与组件分别存放于
同一个文件夹中,而不是同一个文件中

代码清单 4-3 外化组件的样式表

```
import { StyleSheet } from 'react-native'

const styles = StyleSheet.create({         ◄── 创建一个样式表,并将
  container: {                                 其保存在styleIs常量中
    marginTop: 150,
    backgroundColor: '#ededed',            ◄── 为container定义样式,组件可以
    flexWrap: 'wrap'                           将其作为styles.container引用
  }
})

const buttons = StyleSheet.create({        ◄── 创建第二个样式表,并将
  primary: {                                   其保存在buttons常量中
    flex: 1,
    height: 70,                            ◄── 定义primary按钮的样式,组件可
    backgroundColor: 'red',                    以将其作为buttons.primary引用
    justifyContent: 'center',
    alignItems: 'center',
    marginLeft: 20,
    marginRight: 20
  }
})                                         ◄── 导出styleIs和buttons样
                                               式表,以便组件可以
export { styles, buttons }                     访问这些常量
```

以下组件导入了外部样式表,并可以引用其中定义的任何样式,如代码清单 4-4 所示。

代码清单 4-4　导入外部样式表

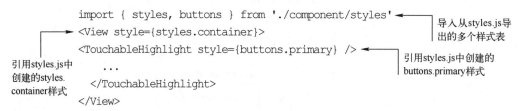

```
import { styles, buttons } from './component/styles'
<View style={styles.container}>
<TouchableHighlight style={buttons.primary} />
  ...
</TouchableHighlight>
</View>
```

引用styles.js中创建的styles.container样式

导入从styles.js导出的多个样式表

引用styles.js中创建的buttons.primary样式

4.1.3　将样式视为代码

上文已经介绍了如何使用 JavaScript 在 React Native 中定义样式。尽管有一个包含变量和函数的完整脚本语言，但样式却是静态的，其实样式本不必静态。

多年来，Web 开发人员一直在使用 CSS。近年来，又创建了 Sass、Less 和 PostCSS 等新技术，以解决级联样式表的诸多限制。如果没有 CSS 预处理器，即使是一个简单操作（如定义一个变量来存储网站的主要颜色）也无法完成的。2015 年 12 月，级联变量的 CSS 自定义属性模块级别 1 候选推荐引入了自定义属性的概念，类似于变量；但在撰写本文时，使用的浏览器中只有不到 80% 支持此功能。

使用 JavaScript，可以将样式视为代码。下面将构建一个简单的应用程序，为用户提供一个按钮，用于将主题从亮变为暗。在开始编码之前，先来看看所要构建的内容。

该应用程序在屏幕上只有一个按钮。该按钮由一个小方框包围。按下按钮会切换主题。选择明亮主题时，按钮标签显示白色，背景为白色，按钮周围的方框为黑色。选择暗黑主题时，按钮标签显示黑色，背景为黑色，按钮周围的方框为白色。图 4-2 显示了选择以上两种主题时屏幕的外观。

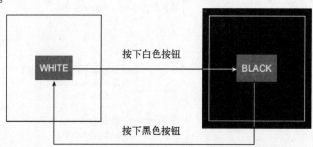

图 4-2　一款支持两个主题（白色和黑色）的应用程序。
用户可以按此按钮在白色背景和黑色背景之间切换

在此示例中，先将样式放在单独的文件 styles.js 中，再创建一些常量来保存颜色的值，然后为明暗两个主题创建两个样式表，如代码清单 4-5 所示。

代码清单 4-5　从主组件文件中提取来的动态样式表

```
import {StyleSheet} from 'react-native';

export const Colors = {
    dark: 'black',
```

常量用于定义与明暗两个主题相对应的颜色

```
    light: 'white'
};

const baseContainerStyles = {     ← 用于保存基本容器样式
    flex: 1,                         的JavaScript对象
    justifyContent: 'center',
    alignItems: 'center'
};

const baseBoxStyles = {     ← 用于保存基本的方框样
    justifyContent: 'center',       式的JavaScript对象
    alignItems: 'center',
    borderWidth: 2,
    height: 150,
    width: 150
};

const lightStyleSheet = StyleSheet.create({     ← 为明亮主题创
    container: {                                   建样式表
        ...baseContainerStyles,
        backgroundColor: Colors.light
    },
    box: {
        ...baseBoxStyles,
        borderColor: Colors.dark
    }
});

const darkStyleSheet = StyleSheet.create({     ← 为暗黑主题创
    container: {                                  建样式表
        ...baseContainerStyles,
        backgroundColor: Colors.dark
    },
    box: {
        ...baseBoxStyles,
        borderColor: Colors.light
    }
});

export default function getStyleSheet(useDarkTheme){
    return useDarkTheme ? darkStyleSheet : lightStyleSheet;    ← 如果useDarkTheme
}                                                                 为true，则返回暗
                                                                  黑主题；否则返回
                                                                  明亮主题
```
（函数将根据布尔值返回相应的主题）

样式配置完毕，就可以开始在 App.js 中构建组件应用。因为只有明亮和暗黑两个主题，所以创建一个实用函数 getStyleSheet，用于接受布尔值，若为 true，则返回暗黑主题，否则返回明亮主题，如代码清单 4-6 所示。

代码清单 4-6 实现明亮和暗黑主题切换的应用程序

```
import React, { Component } from 'react';
import { Button, StyleSheet, View } from 'react-native';
```

```
import getStyleSheet from './styles';          ← 从外部化样式导入
                                                  一个 getStyleSheet
export default class App extends Component {      函数

  constructor(props) {
    super(props);                               初始化组件的状
    this.state = {                              态,默认显示明
      darkTheme: false          ←               亮主题
    };
只要调用
函数就会
在状态中
切换主题
值
    this.toggleTheme = this.toggleTheme.bind(this);
  }                                             为避免异常,必
                                                须将toggleTheme
  toggleTheme() {                               函数绑定该组件
    this.setState({darkTheme: !this.state.darkTheme})
  };
  render() {
                                                使用导入的getStyleSheet
                                                函数,为显示的主题获取
    const styles = getStyleSheet(this.state.darkTheme);
                                                相应的样式表
    const backgroundColor =
        StyleSheet.flatten(styles.container).backgroundColor;
                                                React Native中的StyleSheet.flatten函数将
引用该主                                         StyleSheet对象转换为JavaScript对象,以
题的容器                                         便更加易于获取backgroundColor
样式    return (
         <View style={styles.container}>
引用该主    <View style={styles.box}>
题的方框      <Button title={backgroundColor}
样式(按钮周围                                     主题所用颜
的方框)        onPress={this.toggleTheme}/>      色的字符串
                                                表示形式
                        按下按钮时,调用toggleTheme
         </View>        函数,从一个主题切换到另一
       </View>          个主题
     );
  }
}
```

该应用程序可以切换主题,请读者随意体验,并鼓励进一步尝试。比如,将明亮主题更改为其他颜色,因为颜色被定义为常量,因此这个更改变得非常容易。继续尝试,可以将暗黑主题中的按钮更改为与背景相同的颜色,而不是始终为白色。还可以尝试创建一个全新的主题,或修改代码以支持许多(而不仅仅是两个)不同的主题——祝您玩得开心!

4.2 将样式应用于 View 组件

前文已经对 React Native 中的样式进行了适当介绍,下面将分别讨论各种样式。本章介绍许多常用的基本属性。在第 5 章中,将更深入地介绍一些不常见的样式以及特定平台的样式。首先来关注基础知识,即本节着重介绍的 View 组件。View 组件是 UI 的主要构建模块,也是正确理解样式的最重要组件之一。View 元素类似于 HTML div 标记,用来包装其他

元素并在其中构建 UI 代码块。

本章还将使用已学到的知识，融会贯通，构建一个真实的组件：胸卡。图 4-3 显示了本节末尾处组件的外观。在创建此组件的过程中，将学习如何执行以下操作。

- 使用 borderWidth 在胸卡容器周围创建边框。
- 用 borderRadius 围绕边角。
- 使用 borderRadius 创建一个圆边框，宽度是组件的一半。
- 使用边距和填充属性定位所有内容。

下面几节内容将介绍创建胸卡时需要的样式技巧。首先从如何设置组件的背景颜色入手，该技巧可用于设置胸卡的背景颜色。

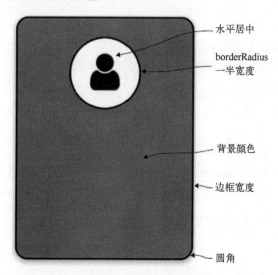

图 4-3　将样式应用于结构化 View 组件后的胸卡，胸卡包括一个圆角矩形和一个圆形头像区

4.2.1　设置背景颜色

没有颜色的用户界面（UI）让人感觉乏味沉闷。事实上，并不需要使用过于鲜亮的颜色作为背景，仅需要一点点颜色足矣。backgroundColor 属性可以设置元素的背景颜色，此属性采用表 4-1 中的一个字符串。在屏幕上渲染文本时，也可以使用相同的颜色。

表 4-1　支持的颜色格式

支持的颜色格式	示　　例
#rgb	'#06f'
#rgba	'#06fc'
#rrggbb	'#0066ff'
#rrggbbaa	'#ff00ff00'
rgb(number, number, number)	'rgb(0, 102, 255)'
rgba(number, number, number, alpha)	'rgba(0, 102, 255, .5)'

（续）

支持的颜色格式	示例
hsl(hue, saturation, lightness)	'hsl(216, 100%, 50%)'
hsla(hue, saturation, lightness, alpha)	'hsla(216, 100%, 50%, .5)'
Transparent background（透明背景）	'transparent'
任何被 CSS3 指定的命名颜色（black, red, blue 等）	'dodgerblue'

值得庆幸，以上支持的颜色格式与 CSS 支持的颜色格式相同，因此本书不做详细介绍。但是，对于某些读者而言，有可能是第一次看到其中的一些格式，因此下面做一个简单解释。

- rgb 代表红色 red、绿色 green 和蓝色 blue。可以使用 0～255（或十六进制 00～ff）作为级别值，数字越大意味着每种颜色越多。
- alpha 类似于不透明度（0 是透明的，1 是不透明的）。
- hue 色调表示 360°色轮上 1°，其中 0 为红色，120 为绿色，240 为蓝色。
- saturation 饱和度，从 0% 的灰色阴影到 100% 的全彩色，数字越高越鲜明，数字越低越黯淡。
- lightness 亮度，从 0%～100%，0% 为暗（接近黑色），100% 为亮（接近白色）。

前面示例中已经使用了 backgroundColor，在下一个示例还将继续使用。下面开始构建胸卡。目前看起来还是很简单，如图 4-4 所示：只是一个 300×400 的彩色矩形。

图 4-4 一个简单的 300×400 彩色矩形，是胸卡 Profile Card 组件的基础

代码清单 4-7 为初始部分的代码。尽管与样式无关，却是整个作品的基础，读者有必要了解。

代码清单 4-7　胸卡 Profile Card 组件的初始框架

```jsx
import React, { Component } from 'react';
import { StyleSheet, View} from 'react-native';

export default class App extends Component<{}> {
    render() {
        return (
            <View style={styles.container}>
                <View style={styles.cardContainer}/>
            </View>
        );
    }
}

const profileCardColor = 'dodgerblue';

const styles = StyleSheet.create({
    container: {
        flex: 1,
        justifyContent: 'center',
        alignItems: 'center'
    },
    cardContainer: {
        backgroundColor: profileCardColor,
        width: 300,
        height: 400
    }
});
```

注释说明：
- 最外层的View元素引用了使子视图组件居中的容器样式
- 内部View元素将成为Profile Card组件
- 在变量中定义Profile Card的颜色，以便后续多处会用到
- 最外层容器的样式定义
- Profile Card的样式定义
- 将Profile Card的backgroundColor设置为之前设置的常量

第一个 View 组件是最外层的元素，就像一个容器盛放着其他所有内容。它的唯一目的是将子组件集中在设备显示器上。第二个 View 组件是胸卡 Profile Card 的容器，目前是一个 300×400 的彩色矩形。

4.2.2　设置边框 border 属性

为组件添加上背景颜色肯定会使其脱颖而出，但如果没有清晰勾勒出组件边缘的边框线，这些组件看上去就像在空中漂浮。组件之间的明确界定有助于用户明白如何与移动应用程序进行交互。

在组件周围添加边框可以为屏幕元素提供实在和真实的感觉。边框 border 属性林林总总，分为以下 4 类：borderColor、borderRadius、borderStyle 和 borderWidth。这些属性作为一个整体应用于组件。

关于颜色和宽度，边框的每一侧都有单独的属性：borderTopColor、borderRightColor、

borderBottomColor、borderLeftColor、borderTopWidth、borderRightWidth、borderBottomWidth 和 borderLeftWidth。关于圆角边框，每个角都有属性：borderTopRightRadius、borderBottomRightRadius、borderBottomLeftRadius 和 borderTopLeftRadius。不过 borderStyle 只有一个。

1. 使用颜色、宽度和样式属性创建边框

设置边框 border，必须先设置 borderWidth。borderWidth 是边框的大小，始终是一个数字。可以设置应用于整个组件的 borderWidth，也可以选择确切某处的 borderWidth（顶部、右侧、底部或左侧）。可以通过多种不同方式组合这些属性，以获得喜欢的效果。示例如图 4-5 所示。

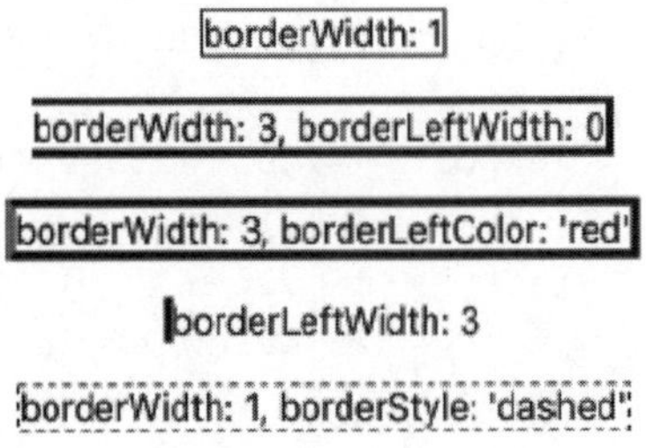

图 4-5　设置边框样式的各种组合

如图 4-5 所示，组合边框样式可以创建多种边框效果。代码清单 4-8 为其具体实现过程。

代码清单 4-8　设置各种边框组合

```
import React, { Component } from 'react';
import { StyleSheet, Text, View} from 'react-native';

export default class App extends Component<{}> {
    render() {
      return (
        <View style={styles.container}>
           <Example style={{borderWidth: 1}}>
               <Text>borderWidth: 1</Text>
          </Example>
          <Example style={{borderWidth: 3, borderLeftWidth: 0}}>
               <Text>borderWidth: 3, borderLeftWidth: 0</Text>
          </Example>
          <Example style={{borderWidth: 3, borderLeftColor: 'red'}}>
               <Text>borderWidth: 3, borderLeftColor: 'red'</Text>
          </Example>
          <Example style={{borderLeftWidth: 3}}>
               <Text>borderLeftWidth: 3</Text>
          </Example>
          <Example style={{borderWidth: 1, borderStyle: 'dashed'}}>
               <Text>borderWidth: 1, borderStyle: 'dashed'</Text>
          </Example>
        </View>
      );
    }
}
const Example = (props) => (
    <View style={[styles.example,props.style]}>
        {props.children}
    </View>
```

将borderWidth设置为1

将borderWidth增加到3，删除左边框，并将borderLeftWidth设置为0

将borderWidth设置为3，添加左边框，并将颜色设置为红色

仅设置左边框，borderLeftWidth设置为3

将borderStyle从默认实体更改为虚线

具有默认样式集的可重用示例组件可以被传入样式属性轻松重写

```
);
const styles = StyleSheet.create({
    container: {
        flex: 1,
        justifyContent: 'center',
        alignItems: 'center'
    },
    example: {
        marginBottom: 15
    }
});
```

上述代码中，仅指定 borderWidth 时，borderColor 默认为'black', borderStyle 默认为 'solid'。如果在组件层面设置了 borderWidth 或 borderColor，则可以使用更确切的属性（如 borderWidthLeft）覆盖上述默认属性。简言之，确切属性优先于默认属性。

注意：borderStyle 容易出麻烦，本书建议使用默认的实心边框。如果试图更改任何边的边框宽度，并将 borderStyle 设置为 "dotted" 或 "dashed"，就会报错。未来，这一问题可能会得以解决，但目前 borderStyle 还不能如愿进行上述设置。读者就不要在此花太多时间了，暂且搁置问题，继续前行。

2. 使用边框圆角创建形状

borderRadius 也是一个很好用的边框属性。现实世界中的许多物体都有直边，但单纯直线很难传递美感。谁也不想买一辆外形像盒子的汽车。大家都希望汽车有漂亮的曲线，看起来很时尚。使用 borderRadius 样式可以为应用程序添加一些美感。它可以在恰当的位置添加曲线来制作许多不同且有趣的形状。

使用 borderRadius，以定义圆角边框在元素上的显示方式。borderRadius 可以适用于整个组件。如果设置了 borderRadius 但并没有设置其中一个具体的值（如 borderTopLeftRadius），那么所有 4 个角都成为圆角。图 4-6 展示了圆角边框的炫酷效果。

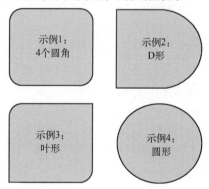

图 4-6 各种边框圆角组合的示例。示例 1：具有 4 个圆角的正方形。示例 2：正方形，右边两个圆角，形成 D 形。示例 3：正方形，两个对角是圆角，看起来像叶子。示例 4：正方形，圆角半径等于边长的一半，结果形成了圆形

创建图 4-6 中的形状相对简单，如代码清单 4-9 所示。老实说，关于此代码最棘手的部

分是确保用户不要使文本太大或太长。代码清单 4-10 会说明上句话是什么意思。

代码清单 4-9 设置各种边框圆角组合

```jsx
import React, { Component } from 'react';
import { StyleSheet, Text, View} from 'react-native';

export default class App extends Component<{}> {
    render() {
        return (
            <View style={styles.container}>
                <Example style={{borderRadius: 20}}>   ← 示例1：具有4个圆角的正方形
                    <CenteredText>
                        Example 1:{"\n"}4 Rounded Corners   ← 这是JavaScript，因此可以使用{"\n"}指定与文本内联的硬回车
                    </CenteredText>
                </Example>
                <Example style={{borderTopRightRadius: 60,
                                 borderBottomRightRadius: 60}}>   ← 示例2：正方形，右边两角为圆形
                    <CenteredText>
                        Example 2:{"\n"}D Shape
                    </CenteredText>
                </Example>
                <Example style={{borderTopLeftRadius: 30,
                                 borderBottomRightRadius: 30}}>   ←
                    <CenteredText>
                        Example 3:{"\n"}Leaf Shape        示例3：正方形，相对两角为圆形
                    </CenteredText>
                </Example>
                <Example style={{borderRadius: 60}}>   ← 示例4：正方形，圆角半径等于边长的一半
                    <CenteredText>
                        Example 4:{"\n"}Circle
                    </CenteredText>
                </Example>
            </View>
        );
    }
}
const Example = (props) => (   ← 用于渲染居中文本元素的可重用组件
    <View style={[styles.example,props.style]}>
        {props.children}
    </View>
);

const CenteredText = (props) => (
```

第4章 样式入门

```
    <Text style={[styles.centeredText, props.style]}>
        {props.children}
    </Text>
);

const styles = StyleSheet.create({      React Native使用flexbox
    container: {                         来控制布局
        flex: 1,
        flexDirection: 'row',
        flexWrap: 'wrap',
        marginTop: 75
    },
    example: {
        width: 120,
        height: 120,
        marginLeft: 20,
        marginBottom: 20,
        backgroundColor: 'grey',
        borderWidth: 2,
        justifyContent: 'center'
    },
    centeredText: {                      使文本在文本组
        textAlign: 'center',             件中居中的样式
        margin: 10
    }
});
```

要特别注意文本居中的样式。如果使用了 margin : 10，一切顺利。如果使用了 padding : 10，文本组件的背景就会遮挡 View 组件的底层边框笔画，如图 4-7 所示。

默认情况下，Text 组件继承其父组件的背景颜色。因为 Text 组件的边界框是一个矩形，所以背景与漂亮的圆角重叠。显然，使用 margin 属性可以解决问题，还有另外一种解决方式：为 centeredText 样式添加 backgroundColor : 'transparent'，使文本组件的背景透明，允许底层边框显示，这样看起来就正常了，如图 4-6 所示。

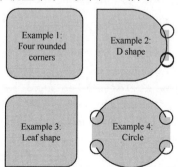

图 4-7　如果 centeredText 样式使用了 padding : 10 而不是 margin : 10 来定位文本，图 4-6 就会变成上述模样。小圆圈突出显示了 Text 组件的边界框与 View 组件边框互相重叠的地方

3. 给胸卡 Profile Card 组件添加边框

有了新的边界属性知识,现在基本上可以完成 Profile Card 组件的初始布局。仅使用上一节的 border 边框属性,就可以将 300×400 的彩色矩形转换为一个更加接近用户需求的形状,图 4-8 显示了到目前为止可以获得的图像以及学到的技术。其中包括一个用作人物照片占位符的图像,随后会在源代码中找到它。圆形的创建方式如前例中所述,可以通过操纵边界半径来实现。

图 4-8 将边框属性合并到胸卡 Profile Card 组件中,
可将 300×400 彩色矩形转换为更符合最终 Profile Card 组件所需的模样

显然,胸卡 Profile Card 存在一些布局问题,但目前只能做到这一步。本书将在下一节讨论如何使用边距和填充样式来对齐所有内容,如代码清单 4-10 所示。

代码清单 4-10 将边框属性合并到胸卡中

```
import React, { Component } from 'react';
import { Image, StyleSheet, View} from 'react-native';   ← 从 react-native 导入 Image 组件

export default class App extends Component<{}> {
    render() {
        return (
            <View style={styles.container}>
                <View style={styles.cardContainer}>
                    <View style={styles.cardImageContainer}>
                        <Image style={styles.cardImage}
                            source={require('./user.png')}/>   ← user.png 与应用程序代码位于同一目录中
                    </View>
                </View>
            </View>
        );
```

```
        }
    }

    const profileCardColor = 'dodgerblue';

    const styles = StyleSheet.create({
        container: {
            flex: 1,
            justifyContent: 'center',
            alignItems: 'center'
        },
        cardContainer: {
            borderColor: 'black',         ← 将边框属性添
            borderWidth: 3,                 加到胸卡中
            borderStyle: 'solid',
            borderRadius: 20,
            backgroundColor: profileCardColor,
            width: 300,
            height: 400
        },                                  图像容器是120×120的正方形，
        cardImageContainer: {   ←         borderRadius为60（120的一半），
            backgroundColor: 'white',       结果是一个圆形
            borderWidth: 3,
            borderColor: 'black',
            width: 120,
            height: 120,
            borderRadius: 60,
        },
        cardImage: {   ←——| 实际图像的样式
            width: 80,
            height: 80
        }
    });
```

代码清单 4-10 与之前的代码清单 4-7 之间的差异已加粗，以突出显示更改部分。

4.2.3 指定边距 margin 和填充 padding

在考虑组件布局时，理论上讲，可以依照开发者的意愿将每个组件放置在屏幕上的任意位置，实际上，如果该布局需要响应用户操作，那么上述做法就会变得非常烦琐且不切合实际。合理的做法是对这些组件进行相对定位，移动其中一个组件，则其他组件可以根据其相对位置进行响应。

实现上述想法，就会用到边距 margin 样式和填充 padding 样式。边距样式可以定义组件之间的这种关系。填充样式可以定义组件与其边框的相对位置。联合使用这些属性可以为布

置组件提供极大的灵活性。了解这些常用属性的含义和做法非常重要。

从概念上讲，边距和填充的工作原理与在 CSS 中完全相同。关于边距 margin 和填充 padding 与边框 border 和内容区域之间的关系，在 CSS 中有些惯用描述，此处依然适用如图 4-9 所示。

从操作上讲，在处理边距和填充时，可能会遇到很多错误。这些奇奇怪怪的错误让人很抓狂。而多数情况下，View 组件的边距 margin 却表现得相当好，并且可以在 iOS 和 Android 上运行。填充 padding 因操作系统差异往往会略有不同。本书撰写期间，Android 环境中填充文本组件根本无法使用，估计在即将发布的新版本中会有所改善。

1. 使用边距属性

在布局组件时，首先需要解决的问题是各个组件彼此之间的距离。为了避免给每个组件指定距离，需要一种能够指定相对位置的方法。margin 属性允许定义组件的外围边界，该外围边界确定该元素与前一个组件或父组件之间的距离。以这种方式表示布局可以让容器找出各个组件相对于彼此的位置，而不必计算每个单独组件的位置。

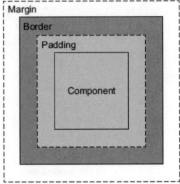

图 4-9　关于边距和填充与边框和内容区域之间关系的惯用描述

边距属性有 5 个：margin、marginTop、marginRight、marginBottom 和 marginLeft。如果只设置了 margin 属性，而没有指定一个更具体的值，如 marginLeft 或 marginTop，则该值适用于组件的所有边（顶部、右侧、底部和左侧）。如果既指定了 margin 属性又指定了更具体的 margin 属性（如 marginLeft），那么更具体的 margin 属性优先。其工作原理与边框 border 属性完全相同。示例样式如图 4-10 所示。

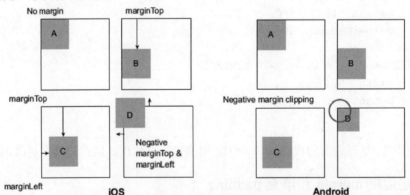

图 4-10　将边距 margin 应用于组件的示例。在 iOS 中，示例 A 没有应用边距。
示例 B 仅应用了上边距。示例 C 应用了上边距和左边距。示例 D 应用了负的
上边距和负的左边距。在 Android 中，负边距略有不同：
该组件被父容器剪切

边距可以按照预期定位组件，但必须注意，当应用负边距时 Android 设备会剪切组件。如果开发计划同时支持 iOS 和 Android，从项目开始时就必须对每种设备进行分别测试。不

第 4 章 样 式 入 门

能在 iOS 上开发好了，就想当然地认为设计的所有内容在 Android 上都能一样运行。代码清单 4-11 显示了图 4-10 中各个示例的代码。

代码清单 4-11　将各种边距应用于各组件

```
import React, { Component } from 'react';
import { StyleSheet, Text, View} from 'react-native';
export default class App extends Component<{}> {
  render() {
    return (
      <View style={styles.container}>
        <View style={styles.exampleContainer}>
          <Example>                                         ← 没有应用边距的基本示例
            <CenteredText>A</CenteredText>
          </Example>
        </View>
        <View style={styles.exampleContainer}>
          <Example style={{marginTop: 50}}>                 ← marginTop为50
            <CenteredText>B</CenteredText>
          </Example>
        </View>
        <View style={styles.exampleContainer}>
          <Example style={{marginTop: 50, marginLeft: 10}}> ← marginTop为50, marginLeft为10
            <CenteredText>C</CenteredText>
          </Example>
        </View>
        <View style={styles.exampleContainer}>
          <Example style={{marginLeft: -10, marginTop: -10}}> ← 将负边距应用于marginTop和marginLeft
            <CenteredText>D</CenteredText>
          </Example>
        </View>
      </View>
    );
  }
}
const Example = (props) => (
  <View style={[styles.example,props.style]}>
    {props.children}
  </View>
);
const CenteredText = (props) => (
  <Text style={[styles.centeredText, props.style]}>
    {props.children}
  </Text>
);
```

```
const styles = StyleSheet.create({
    container: {
        alignItems: 'center',
        flex: 1,
        flexDirection: 'row',
        flexWrap: 'wrap',
        justifyContent: 'center',
        marginTop: 75
    },
    exampleContainer: {
        borderWidth: 1,
        width: 120,
        height: 120,
        marginLeft: 20,
        marginBottom: 20,
    },
    example: {
        width: 50,
        height: 50,
        backgroundColor: 'grey',
        borderWidth: 1,
        justifyContent: 'center'
    },
    centeredText: {
        textAlign: 'center',
        margin: 10
    }
});
```

2．使用填充属性 padding

边距 margin 可以视为各个元素之间的距离，而填充 padding 表示一个元素的内容与本元素边框之间的空间，即内边距。在指定填充时，允许组件的内容不与边框齐平。在图 4-9 中，backgroundColor 属性通过组件的边缘向上渗透到边框，这就是由填充定义的空间。填充属性同样有 5 个：padding、paddingLeft、paddingRight、paddingTop 和 paddingBottom。如果只设置了 padding 属性，而没有设置一个更具体的值，如 paddingLeft 或 paddingTop，则该值将传递到组件的所有边（顶部、右侧、底部和左侧）。如果既指定了 padding 也指定了更具体的 padding 属性（如 paddingLeft），则更具体的 padding 属性优先。上述优先原则与边框 border 和边距 margin 完全相同。

这里并不采用任何新示例来显示填充 padding 与边距 margin 的不同，而是重用代码清单 4-11 中的代码来做一些调整。首先将示例组件上的边距样式更改为填充样式，然后在 Text 组件周围添加边框并更改其背景颜色如代码清单 4-12 所示。图 4-11 显示了最终效果。

第 4 章 样式入门

代码清单 4-12 用填充替换边距修改代码清单 4-11

```
import React, { Component } from 'react';

...

    <View style={styles.container}>
      <View style={styles.exampleContainer}>          ← 示例A：未更改，
        <Example style={{}}>                            无边距，无填充
          <CenteredText>A</CenteredText>
        </Example>
      </View>
      <View style={styles.exampleContainer}>          ← 示例B：将marginTop
        <Example style={{paddingTop: 50}}>              改为paddingTop
          <CenteredText>B</CenteredText>
        </Example>
      </View>                                         ← 示例C：将marginTop和marginLeft分
      <View style={styles.exampleContainer}>            别更改为paddingTop和paddingLeft
        <Example style={{paddingTop: 50, paddingLeft: 10}}>
          <CenteredText>C</CenteredText>

        </Example>
      </View>
      <View style={styles.exampleContainer}>
        <Example style={{paddingLeft: -10, paddingTop: -10}}>  ←
          <CenteredText>D</CenteredText>
        </Example>                                    ← 示例D：将marginLeft和marginTop分
      </View>                                           别更改为paddingLeft和paddingTop。
    </View>                                             负值未变

...

  },
  centeredText: {
    textAlign: 'center',
    margin: 10,                     为Text组件添加边框和背
    borderWidth: 1,            ←    景颜色
    backgroundColor: 'lightgrey'
  }
});
```

边距是指定一个组件与其父组件之间的空间，与此不同，填充是指定一个组件的边框与其子组件之间的空间。在示例 B 中，填充是从顶部边框开始计算，从顶部边框向下推动 Text 组件 B。示例 C 添加了 paddingLeft 值，该值从左边框向内推动 Text 组件 C。示例 D 在 paddingTop 和 paddingLeft 中用了负数填充值。

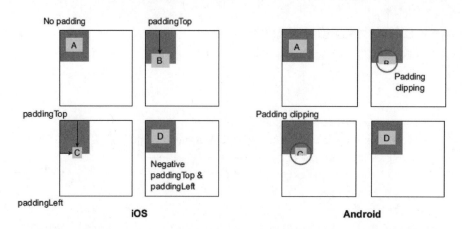

图 4-11 将上一示例中的边距样式更改为填充样式。示例 A 无填充,与无边距毫无二致。
示例 B 应用了 paddingTop 的组件。示例 C 看似无改变,实则应用了 paddingLeft。
示例 D 将负填充值应用于 paddingTop 和 paddingLeft,负值被忽略

仔细观察会发现一些有趣的现象。在 Android 设备上,示例 B 和 C 都被剪切;示例 C 中 Text 组件的宽度被压缩;在示例 D 中 padding 的负值被忽略。

4.2.4　使用位置 position 放置组件

到目前为止,本书所述的位置都是相对于另一个组件来定位的,此为默认的布局位置。但有些情况下,也需要利用绝对定位将组件准确放置在某一个位置。React Native 中的位置 position 样式与 CSS 类似,但并没有很多选项。默认情况下,所有元素的布局都是彼此相对的。如果 position 设置为 absolute,则元素布局是相对于其父元素。position 的可用属性有两个:relative(默认位置)和 absolute。

在 React Native 中 position 只有上述两个值,在 CSS 中还有其他值。使用 absolute 定位时,还可以使用以下属性:top、right、bottom 和 left,分别表示顶部、右侧、底部和左侧。

下面用一个简单示例来演示相对定位和绝对定位之间的区别。在 CSS 中,定位相对复杂混乱,但在 React Native 中,由于"全部默认是相对定位",因此定位变得简单清晰。在图 4-12 中,块 A、B、C 彼此排成一行,没有任何边距或填充,一个接一个排列。块 D 是 ABC 行的兄弟,意味着主容器是 ABC 行和块 D 的父容器。

块 D 设置为 {position : 'absolute', right : 0,

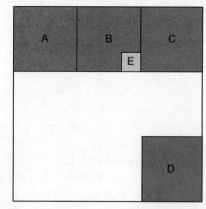

图 4-12　显示块 A、B、C 相对位置的示例。
块 D 的绝对位置为 right: 0 和 bottom: 0,其父级是主容器。块 E 的绝对位置同样为 right: 0 和 bottom: 0,但其父容器是块 B

bottom : 0}，因此它位于容器的右下角。块 E 也同样设置为 {position : 'absolute'，right : 0，bottom : 0}，但其父容器是块 B，这就决定了块 E 的绝对定位是相对于块 B 的，因此块 E 出现在块 B 的右下角。代码清单 4-13 是这个示例的代码。

代码清单 4-13　比较相对定位与绝对定位

```
import React, { Component } from 'react';
import { StyleSheet, Text, View} from 'react-native';

export default class App extends Component<{}> {
    render() {
        return (
            <View style={styles.container}>
                <View style={styles.row}>           ◀── 包含块A、B和C的一个行row
                    <Example>
                        <CenteredText>A</CenteredText>
                    </Example>
                    <Example>
                        <CenteredText>B</CenteredText>
                        <View style={[styles.tinyExample,  ◀── 块E绝对定位于其父容器（块B）的右下角
                                {position: 'absolute',
                                 right: 0,
                                 bottom: 0}]}>
                            <CenteredText>E</CenteredText>
                        </View>
                    </Example>
                    <Example>
                        <CenteredText>C</CenteredText>
                    </Example>
                </View>
                <Example style={{position: 'absolute',  ◀── 块D绝对定位于其父容器的右下角
                        right: 0, bottom: 0}}>
                    <CenteredText>D</CenteredText>
                </Example>
            </View>
        );
    }
}
const Example = (props) => (
    <View style={[styles.example,props.style]}>
        {props.children}
    </View>
);

const CenteredText = (props) => (
```

```
        <Text style={[styles.centeredText, props.style]}>
            {props.children}
        </Text>
    );

    const styles = StyleSheet.create({
        container: {
            width: 300,
            height: 300,
            margin: 40,
            marginTop: 100,
            borderWidth: 1
        },
        row: {                    ◁──── flexbox方向指定为行
                                         row，因此这些块在屏
                                         幕上排成一行
            flex: 1,
            flexDirection: 'row'
        },
        example: {
            width: 100,
            height: 100,
            backgroundColor: 'grey',
            borderWidth: 1,
            justifyContent: 'center'
        },
        tinyExample: {
            width: 30,
            height: 30,
            borderWidth: 1,
            justifyContent: 'center',
            backgroundColor: 'lightgrey'
        },
        centeredText: {
            textAlign: 'center',
            margin: 10
        }
    });
```

注意：在代码清单 4-13 中，flexDirection 属性指定为'row'，因此这些块在屏幕上排成一行。React Native 使用 Yoga（https://yogalayout.com）开源库，Yoga 是一个基于 flexbox 的跨平台布局库，经常出现在 CSS 和 React Native 中。下一章将有大量篇幅讨论 flexbox。尽管边距、填充和位置都是很好的布局工具，但最常使用的一款布局工具还是 flexbox。

第 4 章 样 式 入 门

现在，读者已经掌握了 View 组件的基础知识，也学会了一些布局技巧：边距、填充和位置。下面将重新访问胸卡 Profile Card 组件，并对那些尚未正确布局的部分进行修复。

4.2.5 胸卡 Profile Card 定位

代码清单 4-14 对代码清单 4-10 进行了更改，以便将圆圈和用户图像适当地隔开，并将所有内容居中，结果如图 4-13 所示。

代码清单 4-14　修改胸卡 Profile Card 样式以设置其布局

```
...
cardContainer: {
    alignItems: 'center',          ← 将圆圈与胸卡的水平中心对齐
    borderColor: 'black',
    borderWidth: 3,
    borderStyle: 'solid',
    borderRadius: 20,
    backgroundColor: profileCardColor,
    width: 300,
    height: 400
        },
        cardImageContainer: {
            alignItems: 'center',   ← 将用户图像与圆圈的水平中心对齐
            backgroundColor: 'white',
            borderWidth: 3,
            borderColor: 'black',
            width: 120,
            height: 120,
            borderRadius: 60,
            marginTop: 30,          ← 在圆圈顶部和胸卡顶部之间提供空间
            paddingTop: 15          ← 在圆圈的内部和内部图像之间提供填充
        },
    ...
```

图 4-13　所有 View 组件正确排列后的胸卡组件

95

目前，胸卡中最为重要的 View 组件已经到位。具备上述技巧就为组件构建打下了一个坚实基础，但还有一些部分尚未完成。胸卡中还需要添加个人信息：姓名、职业和简介。这些都是文本信息，因此下一步将学习如何为 Text 组件设置样式。

4.3 将样式应用于 Text 组件

本节将介绍如何为 Text 组件设置样式。首先介绍如何使文本看起来更漂亮，然后再次查看胸卡组件并添加有关用户的一些个人信息。图 4-14 是胸卡组件的完成效果图，胸卡信息包含用户的姓名、职业和简介。在重新访问胸卡之前，先来学习构建它的样式技巧。

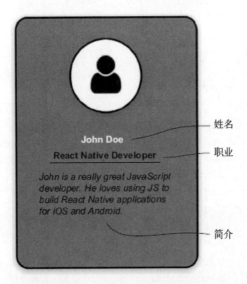

图 4-14　已完成的胸卡，其中包含用户的姓名、职业和简介

4.3.1 对比 Text 组件与 View 组件

除了尚未介绍的 flex 属性之外，适用于 View 元素的大多数样式也同样适用于 Text 元素。Text 文本元素可以具有边框、背景以及布局属性（如边距 margin、填充 padding 和位置 position）。

虽然适用于 View 元素的大多数样式也同样适用于 Text 元素，但是反之却并不成立。Text 元素可以使用的大多数样式都不适用于 View 元素。这一点非常有意义。若读者曾经使用过文字处理器，肯定知道文本可以采用不同的字体，可以改变字体颜色，可以调整文本大小、粗体和斜体，还可以采用下画线等进行装饰。

在探讨文本的样式之前，首先介绍颜色，颜色是 Text 和 View 组件共有的样式。然后，使用颜色以及迄今为止学到的所有内容为胸卡添加文本内容。

文字着色

color 属性适用于 Text 组件，使用方式与 View 组件完全相同，用于指定 Text 元素中文本的颜色。表 4-1 中列出的所有颜色格式在这里仍然适用，甚至连 transparent（透明）也不例外。尽管笔者本人也无法理解这样做的好处何在，但确实如此。默认情况下，文本颜色为黑色。

图 4-14 显示了胸卡中的 3 个 Text 元素。

- 姓名。
- 职业。
- 简介。

使用前文知识，可以实现文本居中和文本定位，将姓名的颜色从黑色更改为白色，并添加一个简单的边框，将职业与简介分开，最终效果如图 4-15 所示。

到目前为止，读者应该能够理解代码清单 4-15 的所有操作。若尚有不解之处，也不必难过，如有必要，请返回并重新阅读本书前文的相应部分。

图 4-15　添加了 Text 元素的胸卡：文本样式为默认值，姓名的 color 属性为白色

代码清单 4-15　在胸卡上添加文本内容

```
import React, { Component } from 'react';
import { Image, StyleSheet, Text, View} from 'react-native';   ← 从react-native导入Text组件

export default class App extends Component<{}> {
  render() {
    return (
      <View style={styles.container}>
        <View style={styles.cardContainer}>
          <View style={styles.cardImageContainer}>
            <Image style={styles.cardImage}
                source={require('./user.png')}/>
          </View>                          ← 渲染此人姓名的Text组件
          <View>
            <Text style={styles.cardName}>
```

```
                John Doe
              </Text>
            </View>
            <View style={styles.cardOccupationContainer}>    ← 职业文本周围的容
              <Text style={styles.cardOccupation}>    ←        器,用于设置将职
                React Native Developer                        业与简介分隔开的
              </Text>                                         下边框
            </View>                                         渲染职业的
            <View>                                          Text组件
              <Text style={styles.cardDescription}>   ←   渲染简介的
                John is a really great JavaScript developer. He    Text组件
                loves using JS to build React Native applications
                for iOS and Android.
              </Text>
            </View>
          </View>
        </View>
    );
  }
}
const profileCardColor = 'dodgerblue';

const styles = StyleSheet.create({
    container: {
        flex: 1,
        justifyContent: 'center',
        alignItems: 'center'
    },
    cardContainer: {
        alignItems: 'center',
        borderColor: 'black',
        borderWidth: 3,
        borderStyle: 'solid',
        borderRadius: 20,
        backgroundColor: profileCardColor,
        width: 300,
        height: 400
    },
    cardImageContainer: {
        alignItems: 'center',
        backgroundColor: 'white',
        borderWidth: 3,
        borderColor: 'black',
        width: 120,
```

```
        height: 120,
        borderRadius: 60,
        marginTop: 30,
        paddingTop: 15
    },
    cardImage: {
        width: 80,
        height: 80
    },
    cardName: {                    ◄──┤ 姓名样式；颜色为 'white'
        color: 'white',
        marginTop: 30,
    },
    cardOccupationContainer: {     ◄──┤ 职业容器样式
        borderColor: 'black',
        borderBottomWidth: 3
    },
    cardOccupation: {              ◄──┤ 职业文本样式（目前只有位置样式）
        marginTop: 10,
        marginBottom: 10,
    },
    cardDescription: {             ◄──┤ 简介样式
        marginTop: 10,
        marginRight: 40,
        marginLeft: 40,
        marginBottom: 10
    }
});
```

现在胸卡的所有内容已经齐备，不过这张胸卡还比较简陋。后续几节将讨论如何设置字体属性并为文本添加装饰性样式。

4.3.2 字体样式

如果读者曾经使用过文字处理程序（如 word）或编写过具有丰富文本功能的电子邮件，那么就已经能够更改字体、增减字体大小、为文本设置粗体或斜体等。本节将介绍这些样式更改。通过调整样式可以使文本更加漂亮，对用户更具吸引力。下面将讨论以下属性：fontFamily、fontSize、fontStyle 和 fontWeight。

1．指定字体

fontFamily 属性看似简单。如果一直使用默认值，确实很容易。但是，如果想使用特定的字体，就会遇到麻烦。iOS 和 Android 都带有一组默认字体。iOS 的大量可用字体是开箱即用。Android 的默认字体有 Roboto（一种等宽字体），以及一些简单的 serif 和 sans serif 变体。若要寻找 React Native 中现成的 Android 和 iOS 字体完整列表，请访问 https://github.com/dabit3/react-native-fonts。

如果要在应用程序中使用等宽字体 monospaced font，不能指定为以下两项。

- fontFamily : 'monospace'——iOS 上不支持'monospace'选项，因此在该平台上会收到错误提示"Unrecognized font family 'monospace'."（无法识别的字体）。但是，在 Android 上，该字体将正确渲染而没有任何问题。与 CSS 不同，开发者无法为 fontFamily 属性提供多种字体。
- fontFamily : 'American Typewriter, monospace'——iOS 会再次出现错误提示"Unrecognized font family 'American Typewriter, monospace'."（无法识别的字体）。在 Android 上，当提供了它不支持的字体时，会退回到默认值。不同版本的 Android 可能会略有不同，本书重在强调以上两种方法都不起作用。

如果想使用不同的字体，则必须使用 React Native 的 Platform 组件。在第 10 章将详细地介绍 Platform，在本节中只做简单介绍。图 4-16 显示了 iOS 上渲染的 American Typewriter 字体和 Android 上使用的通用等宽字体。

代码清单 4-16 为生成此示例的代码。请关注如何使用 Platform.select 设置 fontFamily。

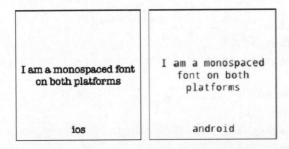

图 4-16 在 iOS 和 Android 上渲染等宽字体

代码清单 4-16 在 iOS 和 Android 上显示等宽字体

```
import React, { Component } from 'react';
import { Platform, StyleSheet, Text, View} from 'react-native';    ← 从react-native导入
                                                                      Platform组件
export default class App extends Component<{}> {
    render() {
        return (
            <View style={styles.container}>
                <View style={styles.row}>
                    <CenteredText>
                        I am a monospaced font on both platforms
                    </CenteredText>
                    <BottomText>
                        {Platform.OS}    ← Platform.OS还可以指明
                    </BottomText>          代码运行在什么操作系统上
                </View>
            </View>
```

第 4 章 样 式 入 门

```jsx
            );
        }
    }

const CenteredText = (props) => (
    <Text style={[styles.centeredText, props.style]}>
        {props.children}
    </Text>
);

const BottomText = (props) => (
    <CenteredText style={[{position: 'absolute', bottom: 0},    // 利用绝对定位知识
                          props.style]}>
        {props.children}
    </CenteredText>
);

const styles = StyleSheet.create({
    container: {
        width: 300,
        height: 300,
        margin: 40,
        marginTop: 100,
        borderWidth: 1
    },
    row: {
        alignItems: 'center',
        flex: 1,
        flexDirection: 'row',
        justifyContent: 'center'
    },
    centeredText: {
        textAlign: 'center',
        margin: 10,
        fontSize: 24,
        ...Platform.select({    // 使用Platform.select 挑选出适合平台的样式
            ios: {
                fontFamily: 'American Typewriter'
            },
            android: {
                fontFamily: 'monospace'
            }
        })
    }
```

});

以上示例显示了如何根据操作系统选择字体,切记,可供使用的字体仍限于 React Native 开箱即用的字体。当然,可以使用字体文件(TTF、OTF 等)将自定义字体添加到项目中,并将它们作为资源链接到应用程序。从理论上讲,这个过程很简单,但操作起来,成功与否主要取决于操作系统和字体文件。若真的想尝试一下,那就打开搜索引擎,查看 react-native link。

2.使用 fontSize 调整文本大小

fontSize 非常简单,用于调整 Text 元素中文本的大小,默认值为 14。鉴于多数读者都很熟悉 fontSize,因此本书不再赘述。

3.更改字体样式

使用 fontStyle,可以将字体样式更改为斜体,fontStyle 默认为'normal'。目前只有两个选择:'normal' 和'italic'("正常"和"斜体")。

4.指定字体粗细

fontWeight 表示字体的粗细,默认值为'normal'或'400'。fontWeight 的可选项是:'normal'、'bold'、'100'、'200'、'300'、'400'、'500'、'600'、'700'、'800'和'900'。数值越小,文本越细;数值越大,文本越粗。

具备以上更改字体样式的技巧,就基本上可以完成胸卡组件了。下面来改变一些字体样式,如图 4-17 所示。代码清单 4-17 是在代码清单 4-16 基础上所做的相应更改。

图 4-17 已将字体样式应用于胸卡上的姓名、职业和简介

代码清单 4-17 设置胸卡中 Text 元素的字体样式
```
...
cardName: {
    color: 'white',
    fontWeight: 'bold',      ◄──┐ 将姓名文本的字体
    fontSize: 24,            ◄──┤ 粗细更改为粗体
    marginTop: 30,              │ 将姓名文本的字体
},                              │ 大小更改为24
...
cardOccupation: {
    fontWeight: 'bold',      ◄──── 将职业文本设置为粗体
    marginTop: 10,
    marginBottom: 10,
},
cardDescription: {
```

```
        fontStyle: 'italic',        ←——|将简介设置为斜体
        marginTop: 10,
        marginRight: 40,
        marginLeft: 40,
        marginBottom: 10
}
...
```

修改姓名、职业和简介的字体样式有助于将每个部分区分开来,但姓名部分还是不够突出。下一节内容将介绍一些设置文本样式的装饰性方法,以及如何使用这些方法使姓名在胸卡中能够脱颖而出。

4.3.3 使用装饰性文本样式

上一节内容是字体样式的基础知识,在本节内容中,将介绍一些设置文本样式的装饰性方法,如如何添加下划线、删除线以及阴影等操作。这些技术可以为应用程序添加许多视觉变化,有助于文本元素个性化。

本节将介绍以下属性。

- iOS 和 Android——lineHeight、textAlign、textDecorationLine、textShadowColor、textShadowOffset 和 textShadowRadius。
- 仅 Android——textAlignVertical。
- 仅 iOS——letterSpacing、textDecorationColor、textDecorationStyle 和 writingDirection。

请注意,以上某些属性仅适用于某一个操作系统。可以分配给属性的某些值也是基于指定操作系统的。当开发者依靠特定的样式来突出显示屏幕上特定的文本元素时,尤其要注意。

1.指定文本元素的高度

lineHeight 指定 Text 元素的高度。图 4-18 和代码清单 4-18 显示了 lineHeight 在 iOS 和 Android 上的不同的效果。将 Text B 元素的 lineHeight 设置为 100,就会发现该行的高度明显大于其他元素。另请注意 iOS 和 Android 以不同方式定位文本,在 Android 上,文本位于行的底部。

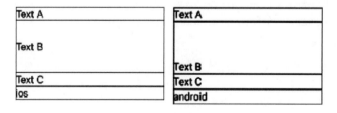

图 4-18　在 iOS 和 Android 上使用 lineHeight

代码清单 4-18 将 lineHeight 应用于 iOS 和 Android 中的 Text 元素

```
import React, { Component } from 'react';
import { Platform, StyleSheet, Text, View} from 'react-native';

export default class App extends Component<{}> {
    render() {
        return (
            <View style={styles.container}>
                <TextContainer>
                    <LeftText>Text A</LeftText>
                </TextContainer>
                <TextContainer>
                    <LeftText style={{lineHeight: 100}}>      ←── 将line Height
                        Text B                                     设置为100
                    </LeftText>
                </TextContainer>
                <TextContainer>
                    <LeftText>Text C</LeftText>
                </TextContainer>
                <TextContainer>
                    <LeftText>{Platform.OS}</LeftText>
                </TextContainer>
            </View>
        );
    }
}

const LeftText = (props) => (
    <Text style={[styles.leftText, props.style]}>
        {props.children}
    </Text>
);

  const TextContainer = (props) => (
      <View style={[styles.textContainer, props.style]}>
          {props.children}
      </View>
  );

const styles = StyleSheet.create({
    container: {
        width: 300,
        height: 300,
        margin: 40,
```

```
    marginTop: 100
  },
  textContainer: {
    borderWidth: 1        ◁──  通过设置边框，可以轻
  },                           松查看线条的高度
  leftText: {
    fontSize: 20
  }
});
```

2．水平对齐文本

textAlign 是指如何将元素中的文本水平对齐。textAlign 的选项是'auto'、'center'、'right'、'left'和'justify'（'justify'仅限 iOS）。

3．为文本加下画线或删除线

使用 textDecorationLine 属性可以给文本中添加下画线或删除线。textDecorationLine 的选项是'none'、'underline'、'linethrough'和'underline line-through'。默认值为'none'。指定'underline line-through'时，underline 与 line-through 之间用一个空格分隔。

4．文字装饰样式（仅限 iOS）

下面介绍几种 iOS 支持但 Android 不支持的文本修饰样式。第一个是 text Decoration Color，可以为 textDecorationLine 设置颜色。iOS 还支持为线条本身设置样式，但是在 Android 上，线条始终是实心的。在 iOS 上，textDecorationStyle 可以指定为'solid'、'double'、'dotted'或'dashed'。Android 则会忽略以上这些额外的样式。

要使用其他 iOS 装饰性样式，请与主文本装饰线条样式 textDecorationLine 一起指定。例如：

```
{
  textDecorationLine: 'underline',
  textDecorationColor: 'red',
  textDecorationStyle: 'double'
}
```

5．为文本添加阴影

可以使用 textShadowColor、textShadowOffset 和 textShadowRadius 属性为 Text 元素添加阴影。创建阴影需要指定以下 3 项内容。

- 颜色。
- 偏移量。
- 半径。

偏移量指定阴影相对于投射阴影组件的位置。半径基本上定义了阴影的模糊程度。可以如下指定文本阴影：

```
{
    textShadowColor: 'red',
    textShadowOffset: {width: -2, height: -2},
    textShadowRadius: 4
}
```

6. 控制字母间距（仅限 iOS）

letterSpacing 指定文本字符之间的间距，并不常用，却可以产生一些有趣的视觉效果。谨记，仅限在 iOS 上使用。

7. 文本样式的示例

在本节中介绍了很多不同的文本样式，如图 4-19 所示。

下面对图 4-19 中的每种样式进行简单介绍。

- A 是使用{fontStyle : 'italic'}的斜体文本。
- B 带有下画线和删除线。应用的样式是{textDecorationLine : 'underline line-through'}。
- C 是对 B 的扩展，应用的样式是 {textDecorationColor : 'red'，textDecorationStyle : 'dotted'}。请注意这些扩展的样式仅限 iOS，在 Android 中无效。
- D 带有阴影，应用的样式是{textShadowColor : 'red', textShadowOffset : {wid th : -2, height : -2}，textShadowRadius : 4}。
- E 改变了字符之间的间距，应用的样式是{letterSpacing : 5}，仅限 iOS，在 Android 上不会产生影响。
- ios 和 android 的文本使用{textAlign : 'center'，fontWeight : 'bold'}进行样式设置。

下面以代码清单 4-19 作为起点，查看如何修改样式并带来何种改观。

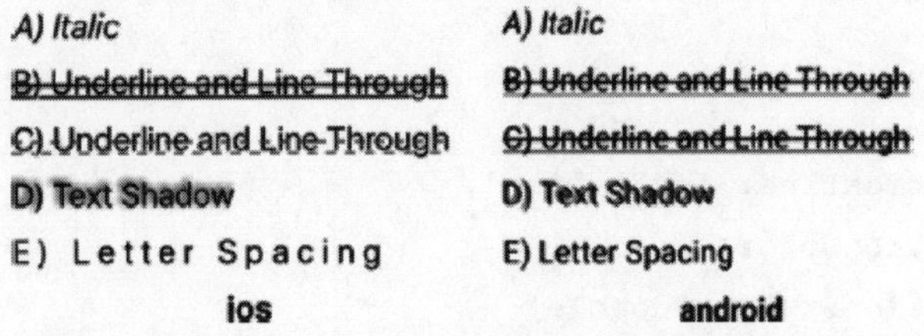

图 4-19 为文本组件设置的各种装饰性样式

代码清单 4-19　为 Text 组件设置的各种装饰性样式

```
import React, { Component } from 'react';
import { Platform, StyleSheet, Text, View} from 'react-native';
export default class App extends Component<{}> {
    render() {
        return (
            <View style={styles.container}>
                <LeftText style={{fontStyle: 'italic'}}>
                    A) Italic
```

```
            </LeftText>
            <LeftText style={{textDecorationLine: 'underline line-
             through'}}>
                B) Underline and Line Through
            </LeftText>
            <LeftText style={{textDecorationLine: 'underline line-
             through',
                textDecorationColor: 'red',
                textDecorationStyle: 'dotted'}}>
                C) Underline and Line Through
            </LeftText>
            <LeftText style={{textShadowColor: 'red',
                textShadowOffset: {width: -2, height: -2},
                textShadowRadius: 4}}>
                D) Text Shadow
            </LeftText>
            <LeftText style={{letterSpacing: 5}}>
                E) Letter Spacing
            </LeftText>
            <LeftText style={{textAlign: 'center', fontWeight: 'bold'}}>
                {Platform.OS}
            </LeftText>
        </View>
      );
    }
}
const LeftText = (props) => (
    <Text style={[styles.leftText, props.style]}>
        {props.children}
    </Text>
);
const styles = StyleSheet.create({
    container: {
        width: 300,
        height: 300,
        margin: 40,
        marginTop: 100
    },
    leftText: {
        fontSize: 20,
        paddingBottom: 10
    }
});
```

上文介绍了如何创建阴影效果，下面就来为胸卡上的姓名添加一个阴影，使其从其他文字中脱颖而出，如图 4-20 所示。

图 4-20　胸卡示例完成版。使用本节中的文本样式技巧添加了此人的文本信息

下面提供完整的胸卡代码，只增添了一小段代码来设置姓名的文本阴影，如代码清单 4-20 所示。

代码清单 4-20　胸卡示例完成版

```
import React, { Component } from 'react';
import { Image, StyleSheet, Text, View} from 'react-native';

export default class App extends Component<{}> {
  render() {
    return (
      <View style={styles.container}>
        <View style={styles.cardContainer}>
          <View style={styles.cardImageContainer}>
            <Image style={styles.cardImage}
                source={require('./user.png')}/>
          </View>
          <View>
            <Text style={styles.cardName}>
              John Doe
            </Text>
          </View>
```

```
            <View style={styles.cardOccupationContainer}>
                <Text style={styles.cardOccupation}>
                    React Native Developer
                </Text>
            </View>
            <View>
                <Text style={styles.cardDescription}>
                    John is a really great JavaScript developer.
                    He loves using JS to build React Native
                    applications for iOS and Android.

                </Text>
            </View>
          </View>
        </View>
    );
  }
}
const profileCardColor = 'dodgerblue';

const styles = StyleSheet.create({
    container: {
        flex: 1,
        justifyContent: 'center',
        alignItems: 'center'
    },
    cardContainer: {
        alignItems: 'center',
        borderColor: 'black',
        borderWidth: 3,
        borderStyle: 'solid',
        borderRadius: 20,
        backgroundColor: profileCardColor,
        width: 300,
        height: 400
    },

    cardImageContainer: {
        alignItems: 'center',
        backgroundColor: 'white',
        borderWidth: 3,
        borderColor: 'black',
```

```
        width: 120,
        height: 120,
        borderRadius: 60,
        marginTop: 30,
        paddingTop: 15
    },
    cardImage: {
        width: 80,
        height: 80
    },
    cardName: {
        color: 'white',
        fontWeight: 'bold',
        fontSize: 24,
        marginTop: 30,
        textShadowColor: 'black',         ◄——— 在标题文本组件上将阴影颜色设置为黑色
        textShadowOffset: {               ◄——— 将阴影偏移设置为向下和向右
            height: 2,
            width: 2
        },
        textShadowRadius: 3               ◄——— 设置阴影半径
    },
    cardOccupationContainer: {
        borderColor: 'black',
        borderBottomWidth: 3
    },
    cardOccupation: {
        fontWeight: 'bold',
        marginTop: 10,
        marginBottom: 10,
    },
    cardDescription: {
        fontStyle: 'italic',
        marginTop: 10,
        marginRight: 40,
        marginLeft: 40,
        marginBottom: 10
    }
});
```

本章所展示的胸卡是一个基本示例,只为了读者能够理解样式的概念和效果,还有很大的改善空间。从该示例中可以看到,不仅仅是出色的图形设计师才能制作出漂亮的组件,使

用一些简单的样式技巧也可以使应用程序看起来很漂亮。

本章虽然介绍了很多内容，但只是一个小入门。本书将在第 5 章探讨一些更加高级的内容。

本章小结

- 组件可以使用内联样式，也可以引用样式表。
- 组件定义之后，样式应与组件处于相同的文件中，或将样式外部化为单独的 styles.js 文件。
- 样式就是代码。JavaScript 是一种具有变量和函数的完整语言，因此比起传统的 CSS 有很多优势。
- View 组件是 UI 的主要构建模块，具有许多样式属性。
- 各种样式的边框可以增强组件的外观，甚至可以使用边框来创建各种形状，如圆形。
- 可以使用边距和填充来定位各组件之间的相对位置。
- 绝对定位可以确定组件在父容器中的任何位置。
- Android 设备上可能会出现剪切，具体取决于设置边框、边距和填充的方式。
- 指定默认值以外的字体可能很棘手。使用 Platform 组件可以为操作系统选择适当的字体。
- 使用颜色、大小和粗细等常规字体样式来更改 Text 组件的大小和外观。
- 操作系统之间存在渲染差异，例如，iOS 和 Android 中关于线条的高度设置各有不同。
- 装饰性样式可以为文本添加下画线或阴影。不同操作系统可用的样式集也各有不同。

第 5 章 样式进阶

本章内容包括：
- 针对特定平台的尺寸和样式。
- 给组件添加阴影。
- 在 x 和 y 轴上移动和旋转组件。
- 缩放和倾斜组件。
- 使用 flexbox 进行布局。

本书第 4 章介绍了 React Native 组件的样式设计，包括 View 和 Text 组件的样式，以及用户日常使用的样式，这些样式对组件的外观具有影响。本章在此基础上将更深入地讨论针对特定平台的样式、阴影、变形（如平移、旋转、缩放和倾斜）、以及 flexbox 动态布局。

其中有些主题可能看起来有些熟悉，因为在第 4 章的几个示例中使用了几个针对特定平台的样式和 flexbox，但只是出现在代码清单中，并没有对此进行详细介绍。

本章对上述主题进行了拓展。变形使用户能够在二维或三维空间中操纵组件，可以将组件从一个位置转换到另一个位置、旋转组件、将组件缩放到不同的大小并倾斜组件。这些变形本来就非常有用，在本书第 7 章将讨论动画，变形的作用就更重要了。

本章将继续讨论平台之间的一些差异，并深入探讨 flexbox。对 flexbox 基本概念的正确理解有助于在 React Native 中创建布局和 UI。用户可能会在每个应用程序中都使用 flexbox。本章还将使用一些新的样式技巧，在上一章的胸卡示例基础上继续构建若干新功能。

5.1 针对特定平台的尺寸和样式

前文介绍了如何使用 Platform.select 来选择仅在 iOS 或 Android 上可用的字体，曾使用 Platform.select 选择了两个平台都支持的等宽字体。当时可能没有考虑平台因素，现在需要牢记，开发是在两个不同的平台进行的。应用于组件的样式在 iOS 和 Android 两个操作系统之间，甚至在不同版本的操作系统之间，都有可能产生不同的效果。

作为开发者，不是为某个单一设备编码，也不是为某个单一操作系统编码。React Native 的优点在于使用 JavaScript 可以创建既可以在 iOS 也可以在 Android 上运行的应用程序。如果查看 React Native 文档，就会看到许多以 IOS 或 Android 为后缀的组件，如 ProgressBarAndroid、ProgressViewIOS 和 ToolbarAndroid，所以不难理解，样式是可以针对特定平台的。

细心的读者可能会注意到，本书从未指定过像素的大小，例如，宽度：300 与宽度：'300px'。这是因为在 iOS 和 Android 操作系统之间，大小的概念都互不相同，数值比较更无从谈起。

5.1.1 像素、点和 DP

尺寸大小可能是一个令人费解的主题，但是需要绝对精确地在屏幕上定位组件时，尺寸大小就是一个无法回避的话题。即使并未打算生成高保真布局，理解上述概念也有助于处理设备之间的布局差异问题。

首先，像素 pixel 是显示器上可编程颜色的最小单位。像素通常由红色 red、绿色 green 和蓝色 blue 组成。通过控制 rgb 的每一个值，可以得到想要的颜色。学习像素的同时，请读者先了解显示器的物理属性：屏幕尺寸、分辨率、每英寸点数 dpi。

屏幕尺寸是屏幕对角线（从一个角到另一个角）的测量值。例如，iPhone 的原始屏幕尺寸为 3.5 英寸，而 iPhone X 的屏幕尺寸为 5.8 英寸。虽然 iPhone X 尺寸更大，但在你了解屏幕尺寸中有多少像素之前，这个大尺寸其实没有任何意义。

分辨率是显示器中的像素数，通常表示显示器所能显示的（宽度×高度）像素数目。原来的 iPhone 为 320×480，而 iPhone X 为 1125×2436。

使用以上屏幕尺寸和分辨率，就可以计算出像素的密度：每英寸像素数（pixels per inch，PPI）。现实中经常会看到 PPI 被称作 DPI，即每英寸点数（dots per inch），其中"点"来自打印页面上的一个颜色点。由以上可知，用 DPI 来指代 PPI 并不完全正确。但人们经常互换使用这两个概念，如果读者以后再看到 DPI 用于描述屏幕，就知道此处应为 PPI。

用 PPI 可知图像的清晰度。想象一下，如果两个屏幕（3.5 英寸 iPhone 显示屏与 17 英寸 HVGA 显示器）具有相同的分辨率：320×480（Half VGA），用二者显示同一个图像，会是什么效果？相同的图像在 iPhone 上看起来更加清晰，因为它与 CRT 显示器相比具有 163 PPI，而 CRT 显示器只有 34 PPI。换言之，在 iPhone 上，相同尺寸大小的物理空间中放置了近 5 倍的信息。表 5-1 比较了这两个屏幕的对角线尺寸、分辨率和 PPI。

表 5-1 比较 17 英寸 HVGA 显示器的 PPI 与 iPhone 的 PPI

	HVGA 显示器	原来的 iPhone 显示屏
对角线尺寸	17 英寸	3.5 英寸
分辨率	320×480	320×480
PPI	34	163

为何要对比二者的 PPI？因为在 iOS 和 Android 两个操作系统中，探讨屏幕渲染时都不使用实际的物理测量值。iOS 使用一个抽象测量值：点 point；Android 使用另一个类似的抽象测量值：DPI（即 density-independent pixels）。

在 iPhone 4 登场时，其外形尺寸与前几代 iPhone 相同，但 iPhone 4 有一个奇特的新 Retina 显示屏，分辨率为 640×960，比前几代 iPhone 的分辨率高 4 倍。如果 iPhone 以 1:1 的比例对现有应用程序渲染图像，则所有内容在新的 Retina 显示屏上都将以 1/4 的尺寸大小渲染。对于苹果来说，做出这样的改变并破坏所有现有的应用程序是一个疯狂的提议。

当然，事实并非如此。Apple 引入了一个逻辑概念：点 point。点是距离的单位，可以独立于设备的分辨率进行缩放，因此在前几代 iPhone 上占据整个屏幕的 320×480 图像可以放大 2 倍，完全适合 Retina 显示。图 5-1 提供了几种 iPhone 型号的像素密度可视化效果。

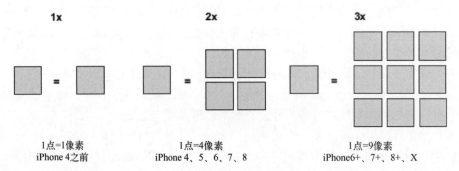

图 5-1　iPhone 中的点与像素密度对比图。iPhone 4 之前的设备分辨率为 320×480。iPhone 4 的分辨率为 640×960，是之前的 4 倍。iPhone 4 的 PPI 是之前的两倍（326 比 163），因此图像比例是之前的 2 倍

以 iPhone4 之前的设备的 163 PPI 作为 iOS 中对点的定义基础。iOS 中一个点就是 1/163 英寸。不赘述详情，Android 中也使用了一种类似的概念：DIP，通常缩写为 DP。Android 中一个 DP 就是 1/160 英寸。

在 React Native 中定义样式时，可以使用像素的逻辑概念：iOS 上的点和 Android 上的 DP。在本机原生开发时，可能需要使用设备像素，具体方法是用屏幕比例（如 2x、3x）乘以逻辑像素。

5.1.2　使用 ShadowPropTypesIOS 和 Elevation 创建阴影

在第 4 章，曾使用文本的阴影属性为胸卡的标题添加阴影。iOS 和 Android 都支持向 Text 组件添加阴影。希望能够采用上述方法为胸卡和圆形图像容器添加阴影，但是很遗憾，View 组件在两个平台之间没有共同的样式属性。

当然，还有其他方法。ShadowPropTypesIOS 样式可用于在 iOS 设备上添加阴影，它不会影响组件的 z 轴次序。在 Android 上，可以使用 Elevation 样式来模拟阴影，但会影响组件的 z 轴次序。

1. 使用 ShadowPropTypesIOS 在 iOS 中创建阴影

下面介绍如何使用 ShadowPropTypesIOS 样式为多个视图组件添加阴影。图 5-2 显示了

各种阴影效果。表 5-2 列出了用于实现每个阴影效果的特定设置。要点如下所述。
- 如果没有为 shadowOpacity 提供任何值，则无阴影。
- 阴影偏移以宽度和高度表示，可以将其视为在 x 轴和 y 轴方向上的移动阴影。可以为宽度和高度指定负值。
- shadowOpacity 的值为 1 表示完全实心，而 shadowOpacity 的值为 0.2 则表示比较透明。
- shadowRadius 的值越大越能够有效地模糊阴影的边缘，使阴影更加分散。

图 5-2 特定于 iOS 的示例，说明如何将 ShadowPropTypesIOS 样式应用于 View 组件。示例 1 设置了阴影但没有设置不透明度，结果不显示阴影。示例 2 设置了相同的阴影效果，但不透明度设置为 1。示例 3 的阴影更大。示例 4 的阴影大小与阴影半径相同。示例 5 的阴影大小不变，但不透明度从 1 变为 0.2。示例 6 改变了阴影的颜色。示例 7 表示仅在一个方向上添加了阴影，而示例 8 则是在相反方向上添加阴影

表 5-2 用于创建图 5-2 中各示例阴影的属性

示例	shadowColor	shadowOffset（阴影偏移量）		shadowOpacity	shadowRadius
		width (x)	height (y)		
1	Black	10	10		
2	Black	10	10	1	
3	Black 20 20 1	20	20	1	
4	Black	20	20	1	20
5	Black	20	20	0.2	
6	Red	20	20	1	
7	Black		20	1	
8	Black	-5	-5	1	

图 5-2 的相应代码可以在 git 存储库中找到，路径为 chapter5/figure/Figure-5.2-ShadowPropTypesIOS。运行上述示例的代码时，切记要在 iOS 模拟器中运行。如果在 Android 设备上，只会看到 8 个带圆角的呆板方块，因为 Android 会忽略 ShadowPropTypesIOS 样式。

2．使用 elevation 在 Android 设备上创建相似的阴影

如何在 Android 设备上获得与 iOS 相同的阴影效果？答案是不能完全做到。替代做法是使用 Android 的 elevation 样式来影响组件的 z 轴次序。如果在同一空间内有两个或多个组件，可以指定某一个组件的 elevation 值比较大，该组件就会排在靠前位置，由此可见，z 轴次序的值增大可以产生一个小的阴影，但比不上 iOS 上的阴影效果。请注意，elevation 仅适用于 Android，iOS 不支持 elevation 样式。即使指定 elevation 样式，iOS 也会自行忽略。

下面介绍如何使用 elevation。首先，创建一个包含 3 个方框 A、B、C 的 View 组件，每个框都绝对定位，并分别为这 3 个方框分配 elevation1、2、3；然后逆序，将 elevation3、2、1 分别赋值给这 3 个方框 A、B、C，再查看布局的变化。图 5-3 显示了上述 elevation 调整所带来的结果。

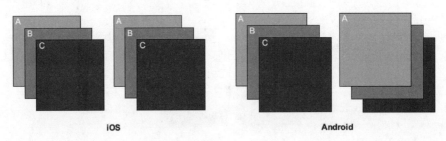

图 5-3　在 iOS 和 Android 上使用 elevation 样式。iOS 忽略 elevation，所有组件的 z 轴次序都保持不变，因此 C 始终在最上面。Android 上使用 elevation，z 轴次序更改，A 本来处于最下面，更改后变为最上面

表 5-3 显示每组盒子的绝对位置和高度。请注意，除了分配给每个方框的 elevation 有变化外，其他没有任何更改。iOS 忽略了该样式，始终是在方框 B 上面渲染方框 C，在方框 A 上面渲染方框 B，没有任何改变。但 Android 尊重 elevation 样式，渲染方框的顺序相应反转，因此方框 A 现在位于方框 B 之上，方框 B 位于方框 C 之上。

表 5-3　图 5-3 对应的 elevation 设置

示例	color（颜色）	top	left	elevation
A	Red	0	0	1
B	Orange	20	20	2
C	Blue	40	40	3
A	Red	0	0	3
B	Orange	20	20	2
C	Blue	40	40	1

5.1.3　实战：在胸卡上设置阴影

回到上一章中的胸卡示例，为其添加一些阴影，这些阴影在 iOS 上看起来很棒，但在 Android 上稍显逊色。本节中，将为整个胸卡容器和圆形图像容器添加阴影，如图 5-4 所示。

第 5 章 样式进阶

图 5-4　整张胸卡容器和圆形图像容器都添加了阴影效果（iOS 版和 Android 版）。iOS 上的阴影由以下 iOS 阴影属性创建：shadowColor、shadowOffset 和 shadowOpacity。在 Android 上使用 elevation 属性，只产生了微弱的阴影效果，与 iOS 上的阴影效果相去甚远

请注意，即使在 Android 上应用了 elevation，也看不到太多阴影。事实上，在 Android 上永远不可能达到 iOS 上的阴影效果。如果确定要在 Android 上设置阴影，本书建议到 npm 或 yarn 上去寻找一个可以满足需求的组件。可以多尝试一些组件，看看是否可以让 Android 版达到 iOS 版的阴影效果。至于具体是哪些组件，本书没有任何建议。笔者远离阴影，并接受差异。

本章中的代码以代码清单 4-20（第 4 章中已完成的胸卡示例）为起点继续优化。代码清单 5-1 仅显示设置阴影所需的更改。在 iOS 上添加阴影，不需要添加大量代码。但在 Android 设备上即使要产生微乎其微的阴影，也需要 elevation 进行专门设置。

代码清单 5-1　为胸卡添加阴影

```
import React, { Component } from 'react';
import { Image, Platform, StyleSheet, Text, View} from     ← 导入Platform实用程序
'react-native';                                              组件，以编程方式选择
...                                                          基于平台的样式
cardContainer: {
...
  height: 400,
  ...Platform.select({     ← 根据平台向卡片容器添加阴影
    ios: {
      shadowColor: 'black',
      shadowOffset: {
        height: 10
      },
      shadowOpacity: 1
    },
    android: {
```

117

```
      elevation: 15
    }
  })
},
cardImageContainer: {
  ...
  paddingTop: 15,
  ...Platform.select({         ◄──── 为圆形图像容器添加阴影
    ios: {
      shadowColor: 'black',
      shadowOffset: {
        height: 10,
      },
      shadowOpacity: 1
    },
    android: {
      borderWidth: 3,
      borderColor: 'black',
      elevation: 15
    }
  })
},
...
```

类似于第 4 章中的字体选择，以上代码使用 platform.select 函数将不同的样式应用于平台的组件：iOS 或 Android。就阴影而言，iOS 平台可能比 Android 平台表现得更出色；但在多数情况下，两个平台上的样式旗鼓相当，这也是 React Native 的一个亮点。

5.2 使用变形来移动、旋转、缩放和倾斜组件

前文讨论的样式主要影响组件的外观，如设置边框和字体的样式、重量、大小和颜色等属性，应用背景颜色和阴影效果，使用边距和填充来改变组件的外观。但尚未探讨如何独立于其他组件在屏幕上操纵组件的位置或方向。那么，该如何在屏幕上移动一个组件，或在圆圈中旋转一个组件？

上述问题的答案是：变形（transformation）。React Native 中有许多有用的变形，允许修改 3D 空间中组件的形状和位置。可以将组件从一个位置移动到另一个位置，围绕 3 个轴旋转组件，以及在 x 轴和 y 轴方向上缩放和倾斜组件。变形本身可以产生一些有趣的效果，但是真正的魅力来自将各种变形排序在一起形成动画，其魅力势不可挡。

本节将深入探讨变形，以及如何应用于组件。清楚地了解变形的作用能够更好地将它们链接在一起，进一步创建出有意义的动画。

transform 样式采用了一组变形属性，这些属性定义了如何将变形应用于组件。例如，欲将组件旋转 90° 并将其缩小 50%，可以将以下变形应用于该组件：

```
transform: [{rotate: '90deg', scale: .5}]
```

transform 样式支持以下属性。
- perspective。
- translateX 和 translateY。
- rotateX、rotateY 和 rotateZ(rotate)。
- scale、scaleX 和 scaleY。
- skewX 和 skewY。

5.2.1 透视产生的 3D 效果

perspective 通过影响 z 轴平面和用户之间的距离来给出元素的 3D 空间。perspective 与其他属性一起使用可以提供 3D 效果。perspective 值越大，组件的 z-index 就越大，看起来离用户越近。若 z-index 为负，则组件渐远。

5.2.2 使用 translateX 和 translateY 沿 x 轴和 y 轴移动元素

平移属性可以将元素从当前位置沿 x 轴（translateX）或 y 轴（translateY）移动。因为已经有 margin、padding 和其他位置属性，平移属性在正常开发中并不是很有用。但是对于动画来说该属性就非常有用，可以将组件从一个位置移动到另一个位置。

下面介绍如何使用 translateX 和 translateY 样式属性移动方块。在图 5-5 中，正方形放置在显示器的中心，然后在以下每一个方向上移动：NW（左上）、N（上）、NE（右上）、W（左）、E（右）、SW（左下）、S（下）和 SE（右下）。在每种情况下，正方形的中心在 x 轴或 y 轴方向或两个方向上移动正方形边长的 1.5 倍。

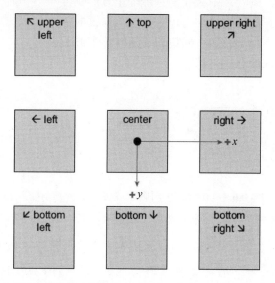

图 5-5 在以下八个方向移动的正方形：NW（左上）、N（上）、NE（右上）、
W（左）、E（右）、SW（左下）、S（下）和 SE（右下）

学习几何时，通常看到 y 轴的正方向是向上，而不是向下。但是在移动设备上，y 轴的正方向通常是向下，即 y 轴沿着屏幕向下移动，符合用户向下滑动屏幕的交互习惯。理解这一点，就很容易明白，图 5-5 中的正方形沿着 x 轴正方向和 y 轴正方向移动，会导致其移至右下角。通过组合 translateX 和 translateY，可以在笛卡儿平面（x-y 平面）中的任何方向上移动组件。

图中正方形在 z 轴平面上没有相应的移动平移。z 轴垂直于设备的表面，即用户正在直视该设备。如果正方形没有相应的尺寸变化就不可能感觉到它在向前或向后移动。透视变形可以制造上述前后移动的视觉效果。

在下一节中，将继续使用以上示例并将正方形沿着中心线向左侧和右侧平移，并分别沿 x、y、z 轴旋转。

5.2.3 使用 rotateX、rotateY 和 rotateZ 旋转元素（rotate）

顾名思义，旋转属性的作用就是旋转元素，可以沿 x 轴、y 轴或 z 轴旋转。旋转的原点是应用任何变形之前该元素的中心点，因此，当使用 translateX 或 translateY 时，请牢记旋转轴还是在原始位置。旋转量以度（deg）或弧度（rad）表示，示例如下：

```
transform: [{ rotate: '45deg' }]
transform: [{ rotate: '0.785398rad' }]
```

图 5-6 显示了 x，y，z 每个轴的正负旋转方向。rotate 与 rotateZ 的作用相同。

下面，将 100×100 的正方形围绕 x 轴旋转，旋转角度为 35°，如图 5-7 所示。画一条中心线横穿每个正方形就可以更清楚地看到正方形在如何旋转。当正方形顶部向页面内旋转时，可以看到它在围绕 x 轴做正向旋转。随着该正方形的顶部越转越远，其底部就会越来越近。

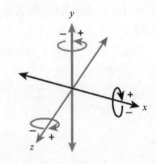

图 5-6 每个轴的正负旋转方向

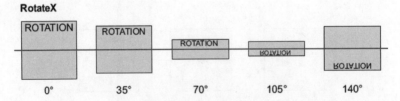

图 5-7 100×100 的正方形围绕 x 轴旋转，旋转角度为 35°。在旋转 90°以后，可以透过该元素看到颠倒的"ROTATION"标签

在旋转至 90°时，只能看正方形的一条边（因为正方形没有厚度，所以看不到任何东西）。在正方形旋转超过 90°后，逐渐看到该正方形的背面。仔细观察图 5-7，可以发现"ROTATION"标签是颠倒的，就是因为此时看到的是该正方形的背面。

下一个示例中，该正方形将围绕 y 轴旋转，旋转角度依然为 35°，如图 5-8 所示。想象一下，正方形的右侧正在渐行渐远，旋转进入页面内部。在正方形旋转超过 90°后，可以透过该元素看到"ROTATION"标签。此时看到的是该正方形的背面，所以文本显示为逆序。

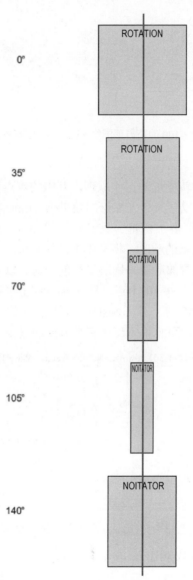

图 5-8　100×100 的正方形围绕 y 轴旋转，旋转角度为 35°。
在旋转 90°以后，可以透过该元素看到逆序"ROTATION"标签

比较图 5-8 与图 5-7 可以发现，围绕 y 轴的旋转与围绕 x 轴的旋转没有区别。在图 5-8 中，将正方形垂直对齐，就可以轻松地看到旋转轴。y 轴上的旋转就像是开合一本书：打开一本书，封面就是在围绕 y 轴向负方向旋转；合上一本书，封面就是在围绕 y 轴向正方

向旋转。

　　围绕 z 轴的旋转是最容易理解，顺时针方向是正方向旋转，逆时针方向是负方向旋转。如图 5-9 所示，旋转轴就是正方形的中心点，z 轴基本上就是用户垂直进入屏幕的视线。

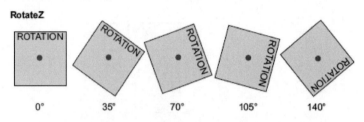

图 5-9　100×100 的正方形围绕 z 轴旋转，旋转角度为 35°。
角度为正是顺时针旋转，角度为负是逆时针旋转

　　以上示例清楚地展示了旋转变形的工作原理，其中的难点在于判断旋转的正负方向。将旋转与其他变形结合使用，可以带来令人惊讶的效果感。transform 属性是一个由多个变形构成的数组，因此可以一次提供多个变形。切记，每个变形的出场顺序很重要。指定一个 transform 属性，变换数组中元素的顺序，将产生不同的结果。

　　下面讨论如何通过改变元素的顺序来影响最终的布局。以下示例中，将 3 种不同的变换应用于正方形：在 y 轴方向上平移 50 个点，在 x 轴方向上平移 150 个点，并将正方形旋转 45°。图 5-10 按照上述顺序指定了一个 transform 属性。虚线边框表示正方形的原始/先前位置，实线边框表示新位置，由此可见正方形位置和方向的改变。

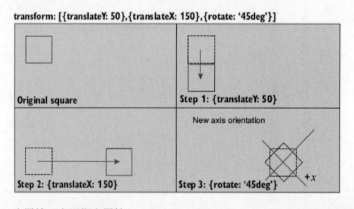

图 5-10　为原始正方形指定属性 transform:[translatey:50，translatex:150，rotate:'45deg']

　　图 5-10 所示结果完全符合预期。如果改变数组中元素的顺序，在 y 轴方向上移动正方形之后就直接进行旋转，最后进行在 x 轴方向上的平移，结果会如何？答案如图 5-11 所示。

　　结果令人震惊，应用上述变形之后，正方形完全脱离了屏幕。如果在图 5-11 中没有标注新的 x 轴和 y 轴方向，很难理解究竟发生了什么变化。

　　图 5-11 中，在旋转之后，+x 和+y 轴不再是屏幕上的垂直和水平方向：两个轴都旋转了 45°。再应用 translateX 时，该正方形在新的+x 轴方向上移动 150 个点，该方向与原始 x 轴

成 45°角。

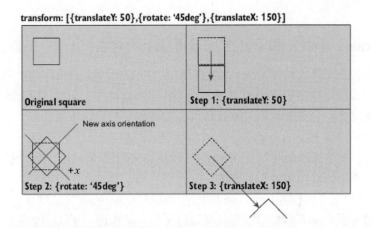

图 5-11　为原始正方形指定属性 transform：[translatey:50，rotate:'45deg '，translatex:150]。
旋转正方形会改变 x 轴和 y 轴的方向，因此当正方形在+x 方向上平移 150 个点时，
会沿对角线向下移动，结果移出可视区域

下一节内容将展示旋转变形的另一个有趣之处。

5.2.4　旋转超过 90°时设置可见性

回头再看图 5-7 和图 5-8，当正方形围绕 x 轴或 y 轴旋转超过 90°时，其正面的文字，尽管有颠倒和逆序，但是依然可见。backfaceVisibility 属性定义当元素旋转超过 90°，不面向屏幕时，是否可见。backfaceVisibility 属性可以设置为：'visible'或'hidden'，即可见或隐藏。此属性并不是变形，而是在规定查看一个物体的背面时是否隐藏其正面的元素。

backfaceVisibility 属性默认为'visible'。如果更改为'hidden'，则一旦组件在 x 轴或 y 轴方向上旋转超过 90°，就不会再看到其正面的元素。在图 5-7 和 5-8 中，对应于 105°和 140°旋转的正方形，其正面的元素将被隐藏。如果上述描述令人费解，请看图 5-12。

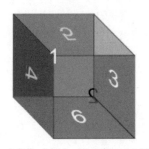 

立方体：backfaceVisibility：'visible'　　　　立方体：backfaceVisibility：'hidden'

图 5-12　将 backfaceVisibility 属性设置为"hidden"就隐藏了旋转已超过 90°的元素。左侧的立方体显示了面 2、4 和 5，它们都旋转了 180°。右侧的立方体则将这 3 个面中的元素进行了隐藏

在图 5-12 中，可以轻松地看到将 backfaceVisibility 设置为"hidden"之后的效果。

在设计动画时，这个隐藏功能会很有用，比如，立方体的一些面旋转出视线时，往往希望将其隐藏。

5.2.5 使用 scale、scaleX 和 scaleY 缩放屏幕上的对象

本节介绍如何在屏幕上缩放对象。缩放有许多实际的用途，例如，利用缩放可以创建对象的缩略图。许多应用程序中都采用了这一技巧：单击缩略图，就会产生动画效果，将对象逐渐放大至完整尺寸。这种常见的过渡技巧可以提供良好的视觉效果。

本节首先介绍缩放对象的基础知识，然后使用这些技巧创建胸卡缩略图，单击缩略图即放大至完整尺寸。本章后续还将讨论 flexbox，以及如何使用 flexbox 来管理图库界面中的一组胸卡缩略图，单击缩略图即可查看详情。

scale 将元素的大小缩放若干倍，倍数就是传递给 scale 的数字，默认值为 1。若要使元素显得更大，请传递大于 1 的数值；要使其显得更小，请传递小于 1 的数值。

也可以使用 scaleX 或 scaleY 沿单个轴缩放元素。scaleX 沿 x 轴水平拉伸元素，scaleY 沿 y 轴垂直拉伸元素。下面创建几个方块以显示缩放效果，如图 5-13 所示。

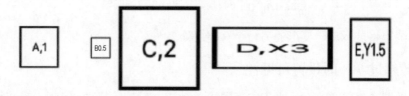

图 5-13　对原始方块进行缩放变形。所有方块的初始大小和形状都与 A 相同，其默认 scale 为 1。
B 将方块缩小至 0.5 倍。C 将方块放大至 2 倍。D 使用 scaleX，将方块沿 x 轴拉长至 3 倍。
E 使用 scaleY，将方块沿 y 轴拉伸至 1.5 倍

缩放对象非常简单明了，没有异常特例，如代码清单 5-2 所示。

代码清单 5-2　使用 scale，scaleX 和 scaleY 缩放方块

```
import React, { Component } from 'react';
import { StyleSheet, Text, View } from 'react-native';
    export default class App extends Component<{}> {
      render() {
        return (
          <View style={styles.container}>
            <Example style={{}}>A,1</Example>         ← 默认方块50×50，未应用缩放
            <Example style={{transform: [{scale: 0.5}]}}>B,   ← 将默认方块缩小至0.5倍
            0.5</Example>
            <Example style={{transform: [{scale: 2}]}}>C,     ← 将默认方块放大至2倍
            2</Example>
            <Example style={{transform: [{scaleX: 3}]}}>D,    ← 仅在x轴方向上缩放默认方块，水平拉伸
            X3</Example>
```

```
                    <Example style={{transform: [{scaleY: 1.5}]}}>E,
仅在 y 轴方向上      Y1.5</Example>
缩放默认方块，     </View>
垂直拉伸        );
            }
        }

        const Example = (props) => (
            <View style={[styles.example,props.style]}>
                <Text>
                    {props.children}
                </Text>
            </View>
        );

        const styles = StyleSheet.create({
            container: {
                marginTop: 75,
                alignItems: 'center',
                flex: 1
            },
            example: {
                width: 50,
                height: 50,
            borderWidth: 2,
            margin: 15,
            alignItems: 'center',
            justifyContent: 'center'
        },
    });
```

5.2.6 使用缩放变形创建胸卡缩略图

基于上述缩放变形的基础知识，本节将创建胸卡缩略图。为避免闪烁，通常情况下会用动画来展示内容，下面以胸卡为例探索如何使用缩放技巧。图 5-14 显示了胸卡组件的缩略图，单击缩略图，将展示组件的完整尺寸；单击完整尺寸图，又会变为缩略图。

代码清单 5-3 是在代码清单 5-1 的基础上添加一个新样式，以实现上述完整尺寸图和缩略图之间的切换。代码清单 5-3 还对组件的某些部分进行了优化，提高其可重用性，并增加了一个触摸功能，用以处理 onPress 事件。

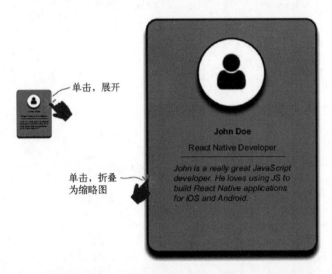

单击,展开

单击,折叠
为缩略图

图 5-14 将完整尺寸的胸卡缩小 80%成为缩略图。单击缩略图可将胸卡
还原为其原始尺寸,单击完整尺寸胸卡可将其变成缩略图

代码清单 5-3 将胸卡从完整尺寸缩小为缩略图

```
import React, { Component } from 'react';     ← PropTypes指定胸卡组件
import PropTypes from 'prop-types';              可以接受的属性
import update from 'immutability-helper';
import { Image, Platform, StyleSheet, Text,
         TouchableHighlight, View} from 'react-native';  ← TouchableHighlight组件可
                                                            以对触摸单击进行处理
const userImage = require('./user.png');

const data = [{              ← 提取数据元
    image: userImage,          素形成组件
    name: 'John Doe',
    occupation: 'React Native Developer',
    description: 'John is a really great Javascript
developer. ' +'He loves using JS to build React Native
applications ' +'for iOS and Android',
    showThumbnail: true
  }
];
                                             ← 将胸卡组件与
const ProfileCard = (props) => {                App代码分离

  const { image, name, occupation,
          description, onPress, showThumbnail } = props;
  let containerStyles = [styles.cardContainer];
```

不变的helper函
数更新允许更新
组件状态中的特
定部分

第5章 样式进阶

```
  if (showThumbnail) {          ←――――――  如果showThumbnail
    containerStyles.push(styles.cardThumbnail);      为true，则组件按比
  }                                                  例缩小80%

  return (                      ←――――――  单击使得组件在最小
    <TouchableHighlight onPress={onPress}>           化和最大化之间切换
      <View style={[containerStyles]}>
        <View style={styles.cardImageContainer}>
          <Image style={styles.cardImage} source={image}/>
        </View>
        <View>
          <Text style={styles.cardName}>
            {name}
          </Text>
        </View>
        <View style={styles.cardOccupationContainer}>
          <Text style={styles.cardOccupation}>
            {occupation}
          </Text>
        </View>
        <View>
          <Text style={styles.cardDescription}>
            {description}
          </Text>
        </View>
      </View>
    </TouchableHighlight>
  )
};
ProfileCard.propTypes = {
  image: PropTypes.number.isRequired,
  name: PropTypes.string.isRequired,
  occupation: PropTypes.string.isRequired,
  description: PropTypes.string.isRequired,
  showThumbnail: PropTypes.bool.isRequired,
  onPress: PropTypes.func.isRequired
};

export default class App extends Component<{}> {

  constructor(props, context) {
    super(props, context);      ――――  在App高阶组件中
    this.state = {  ←―――――――          维护组件状态
      data: data
```

```
    }
  }
  handleProfileCardPress = (index) => {          ◄── 用handler函数处
    const showThumbnail = !this.state.data[index].showThumbnail;        理onPress事件
    this.setState({
      data: update(this.state.data,{[index]:
              {showThumbnail: {$set: showThumbnail}}})
    });
  };
  render() {                                              胸卡组件列表（数组）
    const list = this.state.data.map(function(item, index) { ◄──┘
      const { image, name, occupation, description, showThumbnail }
      = item;
      return <ProfileCard key={'card-' + index}
                image={image}
                name={name}
                occupation={occupation}
                description={description}
                onPress={this.handleProfileCardPress.bind(this,
                index)}
                showThumbnail={showThumbnail}/>
    }, this);

    return (
      <View style={styles.container}>
        {list}       ◄────── 在整个容器中渲染列表
      </View>
    );
  }
}
...
                      cardThumbnail样式将
                      组件缩小80%
  cardThumbnail: {  ◄──┘
    transform: [{scale: 0.2}]
  },
...
```

在以上代码中，对组件进行了重新架构，以便向此款应用程序中添加更多的胸卡组件。在 5.3 节中，将介绍如何添加更多的胸卡并将其布局为一个图库。

5.2.7 skewX 和 skewY 使元素沿 x 轴和 y 轴倾斜

作为变形样式的最后一项内容，下面介绍 skewX 和 skewY 变形。在 5.2.4 节中，生成 backfaceVisibility 示例的源代码中可以看到，将正方形倾斜对于生成立方体各面的三维效果至关重要，如图 5-12 所示（github chapter5/figures/Figure-5.12-BackfaceVisibility）。下面讨论

skewX 和 skewY 的倾斜功能。仔细研究代码细节有助于理解图示效果。

skewX 属性使元素沿 x 轴倾斜。类似地，skewY 属性使元素沿 y 轴倾斜。图 5-15 为一个正方形的倾斜结果，如下所述。

- 正方形 A 没有使用变形。
- 正方形 B 沿 x 轴倾斜 45°。
- 正方形 C 沿 x 轴倾斜-45°。
- 正方形 D 沿 y 轴倾斜 45°。
- 正方形 E 沿 y 轴倾斜-45°。

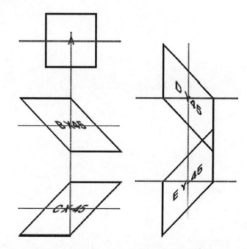

图 5-15 在 iOS 上沿 x 和 y 轴倾斜正方形。正方形 A 没有使用变形。正方形 B 沿 x 轴倾斜 45°。正方形 C 沿 x 轴倾斜-45°。正方形 D 沿 y 轴倾斜 45°。正方形 E 沿 y 轴倾斜-45°

与缩放类似，倾斜也相对简单，只需指定一个角度和一个轴。具体细节如代码清单 5-4 所示。

注意：至本书发稿时，skewX 变形在 Android 上无法正常工作。

代码清单 5-4 如何将一个正方形倾斜变形

```
import React, { Component } from 'react';
import { StyleSheet, Text, View} from 'react-native';

export default class App extends Component<{}> {
  render() {
    return (
    <View style={styles.container}>
      <Example style={{}}>A</Example>
      <Example style={{transform: [{skewX: '45deg'}]}}>    ← 沿 x 轴将正方形倾斜45°
          B X45
      </Example>
```

```
        <Example style={{transform: [{skewX: '-45deg'}]}}>        ← 沿x轴将正方形倾斜-45°
            C X-45
        </Example>
        <Example style={{transform: [{skewY: '45deg'}]}}>         ← 沿y轴将正方形倾斜45°
            D Y45
        </Example>
        <Example style={{transform: [{skewY: '-45deg'}]}}>        ← 沿y轴将正方形倾斜-45°
            E Y-45
        </Example>
     </View>
    );
   }
}
const Example = (props) => (
    <View style={[styles.example,props.style]}>
        <Text>
            {props.children}
        </Text>
    </View>
);
const styles = StyleSheet.create({
    container: {
        marginTop: 50,
        alignItems: 'center',
        flex: 1
    },
    example: {
        width: 75,
        height: 75,
        borderWidth: 2,
        margin: 20,
        alignItems: 'center',
        justifyContent: 'center'
    },
});
```

5.2.8 变形的关键点

在本节中介绍了很多变形的技巧。其中有一些相对简单，而另一些可能无法轻易在头脑中想象出来。本书并没有展示很多变形组合的例子，目的是为了读者能够专注掌握几个常用的技巧。当然，本书鼓励读者大胆尝试其他变形手段。

在第 7 章的动画部分，读者将看到变形的重要作用，变形使事物变得生动。此处先强调以下两点。

- x 轴和 y 轴的原点位于屏幕左上角。这意味着 y 轴的正方向沿屏幕向下，可能与几何中的习惯相反，需要注意。
- 旋转和平移的原点始终位于元素的原始位置。这意味着在 x 轴或 y 轴方向平移对象之后，不可以围绕新的中心点旋转对象。

虽然变形是一种在屏幕上移动组件的好方法，但并不是常用的布局方法。开发者经常使用的是另外一种方法：Yoga。它是一种遵守 W3C flexbox Web 规范的布局引擎。在下一节中，将详细介绍 Yoga 的 flexbox 布局。

5.3 使用 flexbox 布置组件

flexbox 是一种布局方式，在 React Native 中可以创建 UI 和控制定位。React Native flexbox 布局遵守 W3C flexbox Web 规范，但并非共享 100%的 API。flexbox 旨在提供一种简单的方法来解释、对齐以及分配布局中各组件之间的空间，即使各组件的大小未知或是动态的。

注意：flexbox 布局仅适用于 View 组件。

flexbox 功能强大，应用广泛。读者学习本节内容，必将获益匪浅。以下是 flexbox 布局的对齐属性：flex、lexDirection、justifyContent、alignItems、alignSelf 和 flexWrap。

5.3.1 使用 flex 改变组件的尺寸

flex 属性使组件具备更改尺寸的能力，以填充其所在容器空间。某组件 flex 的值与同一容器中的其余组件所指定的 flex 属性相关，如图 5-16 所示。

如果 View 元素的高度为 300，宽度为 300，子 View 元素的属性为 flex：1，则子视图将完全填满父视图。如果还要添加另一个 flex：1 的子元素，则每个视图都占用父容器中相等的空间。一个组件的 flex 数值与同一空间内其他组件的 flex 数值共同决定了这些组件在同一空间内所占据的比例。

另一个思路是将 flex 属性视为百分比。例如，希望两个子组件分别占据 66.7%和 33.3%，则可以使用 flex：67 和 flex：33。约分简化可得 flex：2 和 flex：1，布局效果相同。

为了更好地理解 flex 属性，可参见图 5-16 中的示

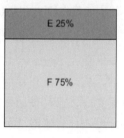

图 5-16 使用 flex 属性的三个布局示例。最上面的示例是 1∶1，A = {flex：1}，B = {flex：1}，导致 A 与 B 各占据 50%的空间。中间的例子是 1∶2，C = {flex：1}，D = {flex：2}，导致 C 占据 33%的空间，D 占据 67%。最下面的例子是 1∶3，E = {flex：1}，F = {flex：3}，导致 E 占据 25%的空间，F 占据 75%

例。通过在各个元素上设置适当的 flex 值，可以轻松实现布局目标。代码清单 5-5 显示了创建此类布局所需的步骤。

代码清单 5-5　Flex 视图的各项比例分别为 1:1，1:2 和 1:3

```
...
render() {
  return (
    <View style={styles.container}>
      <View style={[styles.flexContainer]}>
        <Example style={[{flex: 1},styles.darkgrey]}>A 50%</Example>
        <Example style={[{flex: 1}]}>B 50%</Example>
      </View>
      <View style={[styles.flexContainer]}>
        <Example style={[{flex: 1},styles.darkgrey]}>C 33%</Example>
        <Example style={{flex: 2}}>D 66%</Example>
      </View>
      <View style={[styles.flexContainer]}>
        <Example style={[{flex: 1},styles.darkgrey]}>E 25%</Example>
        <Example style={{flex: 3}}>F 75%</Example>
      </View>
    </View>
  );
}
...
```

注释：
- 各项具有相同的 flex 值，因此在父容器中各项占用相同的空间量
- C 占据总空间的 1/3，D 占据总空间的 2/3
- E 占据总空间的 1/4，F 占据空间的 3/4

5.3.2　使用 flexDirection 指定 flex 的方向

在第 5.3.1 节的示例中，flex 容器中的各个项目（沿 y 轴）纵向排列，即从上到下排成一列，A 堆叠在 B 上，C 堆叠在 D 上，E 堆叠在 F 上。使用 flexDirection 属性，可以更改布局的主轴，从而更改布局的方向。flexDirection 应用于包含子项的父视图。

欲实现图 5-17 布局只需向 flexContainer 样式添加一行代码，该样式是每个示例组件的父容器。更改该容器的 flexDirection 会影响其所有 flex 子项的布局。将 flexDirection : 'row'（行）添加到该样式中，就可以看到新的布局效果，如代码清单 5-6 所示。

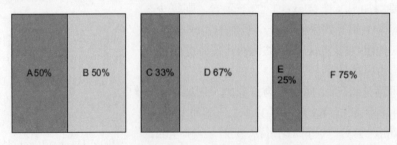

图 5-17　与图 5-16 中的示例相同，但 flexDirection 设置为 'row'。可以看到，各项在水平方向上分占空间，而不是在垂直方向上分占空间

代码清单 5-6　将 flexDirection: 'row'添加至父容器

```
flexContainer: {        ← flexContainer是每个
    width: 150,            示例组件的父容器
    height: 150,
    borderWidth: 1,
    margin: 10,          ← 使各子项
    flexDirection: 'row'   水平排列
},
```

现在，各个子元素从左到右排列。flexDirection 有两个选项：'row'和'column'。默认设置为'column'（列）。如果未指定 flexDirection 属性，就按列纵向布局。在 React Native 中开发应用程序时，可以使用此属性，因此有必要了解其工作原理。

5.3.3　使用 justifyContent 定义组件沿主轴的排列方式

使用 flex 属性，可以指定每个组件在其父容器中占用的空间大小。但如果不想占用整个空间，该如何使用 flexbox 以原始尺寸布置各个组件？

justifyContent 定义各 flex 组件沿着容器主轴（flex 方向）的空间排列方式。JustifyContent 声明是在父容器上，有以下 5 种选择。

- center 使各子项在父容器中居中。自由空间分布在子项两侧。
- flex-start 将组件放在 flex 列或行的开头，列或行具体取决于 flexDirection 的值。flex-start 是 justifyContent 的默认值。
- flex-end 与 flex-start 作用相反：各组件向行尾紧挨着填充。
- space-around 将各子项平均分布在该行空间，比如，空—元素—空—元素—空。请注意，这些元素并不是均匀分布在整个容器中，只是均匀分布在一行中。
- flexbox 在元素的每一侧都分配等量的空间，比如：空—元素—空空—元素—空。二者对比可知，空的数量相同，但后者中，两个元素之间的空间更大。
- space-between 在容器的开头或结尾处不留间距，任何两个连续元素之间的空间相等。

以上 5 个 justifyContent 属性的应用效果如图 5-18 所示，每个示例都使用了两个元素。

代码清单 5-7 是用于生成图 5-18 的代码。请仔细查看，理解其工作原理，然后尝试执行以下操作：为每个示例添加更多元素，以查看随着子项数量的增加会发生什么情况，并将 flexDirection 设置为 row，以查看水平布局（而非垂直布局）时会发生什么情况。

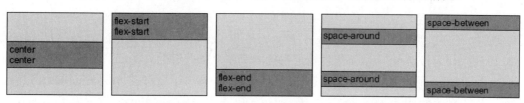

图 5-18　justifyContent 的 5 个选项（center、flex-start、flex-end、space-around 和 space-between）分别对子元素之间的空间分布造成的影响

代码清单 5-7 使用 justifyContent 的 5 个选项

```
...
render() {
  return (
    <View style={styles.container}>
      <FlexContainer style={[{justifyContent: 'center'}]}>          使用justifyContent：'center'选项
        <Example>center</Example>
        <Example>center</Example>
      </FlexContainer>
      <FlexContainer style={[{justifyContent: 'flex-start'}]}>      使用justifyContent：'flex-start'选项
        <Example>flex-start</Example>
        <Example>flex-start</Example>
      </FlexContainer>
      <FlexContainer style={[{justifyContent: 'flex-end'}]}>        使用justifyContent：'flex-end'选项
        <Example>flex-end</Example>
        <Example>flex-end</Example>
      </FlexContainer>
      <FlexContainer style={[{justifyContent: 'space-around'}]}>
        <Example>space-around</Example>                             使用justifyContent：'space-around'选项
        <Example>space-around</Example>
      </FlexContainer>
      <FlexContainer style={[{justifyContent: 'space-between'}]}>
        <Example>space-between</Example>                            使用justifyContent：'space-between'选项
        <Example>space-between</Example>
      </FlexContainer>
    </View>
  );
}
...
```

5.3.4 使用 alignItems 对齐容器中的子项

alignItems 属性定义子项在容器次轴上的对齐方式。此属性在父视图上声明，如同 flexDirection 一样影响其 flex 子元素。alignItems 有 4 个选项：stretch、center、flex-start 和 flex-end。

其中，stretch 是默认值，应用效果如图 5-17 和 5-18 所示，每个示例组件都被拉伸以填充其父容器。分别使用其他选项 center、flex-start 和 flex-end 重新访问图 5-16，效果改变如图 5-19 所示。因为没有为示例组件指定精确的宽度，所以组件只在水平方向上占用渲染其内容所需的空间，而没有拉伸以填充其父容器。在图 5-19 中，第 1 个示例 alignItems 设置为 center。第 2 个示例 alignItems 设置为 flex-start，第 3 个示例 alignItems 设置为 flex-end。上述对齐方式的更改由代码清单 5-8 实现。

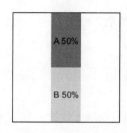 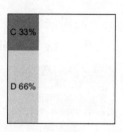 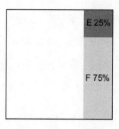

图 5-19 使用非默认的 alignItems 属性：center、flex-start 和 flex-end 对图 5-16 中的示例进行修改

代码清单 5-8 使用 alignItems 属性的非默认值

```
render() {
  return (
    <View style={styles.container}>
      <View style={[styles.flexContainer,
              {alignItems: 'center'}]}>          将alignItems属性
                                                  更改为center
        <Example style={[styles.darkgrey]}>A 50%</Example>
        <Example>B 50%</Example>
      </View>
      <View style={[styles.flexContainer,
              {alignItems: 'flex-start'}]}>      将alignItems更
                                                  改为flex-start
        <Example style={[styles.darkgrey]}>C 33%</Example>
        <Example style={{flex: 2}}>D 66%</Example>
      </View>
      <View style={[styles.flexContainer,
              {alignItems: 'flex-end'}]}>        将alignItems更
                                                  改为flex-end
        <Example style={[styles.darkgrey]}>E 25%</Example>
        <Example style={{flex: 3}}>F 75%</Example>
      </View>
    </View>
  );
}
```

本节已经掌握 alignItems 属性的非默认值用法，何不将 flexDirection 设置为 row，看看效果如何？

5.3.5 使用 alignSelf 覆盖父容器的对齐方式

在第 5.3 中，前文介绍的所有 flex 属性都应用于父容器。只有这个 alignSelf 直接应用于 flex 子项。

使用 alignSelf，可以访问容器中各个元素的 alignItems 属性。使用 alignSelf 能够覆盖在父容器上设置的任何对齐，因此某一子项的对齐方式可以不同于其他子项。alignSelf 有 5 个选项：auto、stretch、center、flex-start 和 flex-end。默认值为 auto，从父容器的 alignItems 设置中取值。其余 4 个选项与 alignItems 的相应 4 个选项相同。

在图 5-20 中，父容器没有设置 alignItems，因此默认为 stretch。在第一个示例中，auto

从其父容器取值，继承到 stretch。后续 4 个示例清晰易懂，最后一个示例中，没有设置 alignSelf 属性，因此默认为 auto，布局与第一个示例相同。

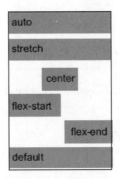

图 5-20　当父容器的 alignItems 属性设置为默认值 stretch 时，
alignSelf 属性的不同选项导致不同的布局效果

代码清单 5-9 介绍了一些新做法。并没有直接给 Example 元素提供样式，而是创建一个新的组件属性：align，并将其传递给 Example 组件以设置 alignSelf。该示例区别于其他示例之处在于，它将探讨 alignSelf 每个值所导致的对齐效果。

代码清单 5-9　使用 alignSelf 覆盖父容器上的 alignItems

```
import React, { Component } from 'react';
import { StyleSheet, Text, View} from 'react-native';
export default class App extends Component<{}> {
    render() {
        return (
            <View style={styles.container}>
                <FlexContainer style={[]}>
                    <Example align='auto'>auto</Example>
                    <Example align='stretch'>stretch</Example>
                    <Example align='center'>center</Example>
                    <Example align='flex-start'>flex-start</Example>
                    <Example align='flex-end'>flex-end</Example>
                    <Example>default</Example>
                </FlexContainer>
            </View>
        );
    }
}

const FlexContainer = (props) => (
    <View style={[styles.flexContainer,props.style]}>
        {props.children}
    </View>
```

将 alignSelf 设置为 auto，从父容器取值 stretch
将 alignSelf 显式设置为 stretch
将 alignSelf 设置为 center
将 alignSelf 设置为 flex-start
将 alignSelf 设置为 flex-end
alignSelf 的默认值为 auto

```
);

const Example = (props) => (
    <View style={[styles.example,         使用align属性设置Example
                  styles.lightgrey,        组件的alignItems样式
                  {alignSelf: props.align || 'auto'},
                  props.style
    ]}>
        <Text>
            {props.children}
        </Text>
    </View>
);
const styles = StyleSheet.create({
    container: {
        marginTop: 50,
        alignItems: 'center',
        flex: 1
    },
    flexContainer: {
        backgroundColor: '#ededed',
        width: 120,
        height: 180,
        borderWidth: 1,
        margin: 10
    },
    example: {
        height: 25,
        marginBottom: 5,
        backgroundColor: '#666666'
    },
});
```

5.3.6 使用 flexWrap 防止项目被剪裁

在第 5.3.2 节中介绍过 flexDirection 属性有两个值：column（默认值）和 row。column 垂直排列各项，row 水平排列各项。读者尚未看到一种情况，有些项目会因为不适合而从屏幕上消失。

flexWrap 有两个值：nowrap 和 wrap。默认值为 nowrap，表示若某项目不适合，就会从屏幕上消失，仿佛被剪裁，用户将无法看到被裁剪掉的部分。为了解决此问题，可以使用 wrap 值。

在图 5-21 中，第一个示例使用 nowrap，正方形从屏幕上溢出。这一排正方形在右边被

剪裁掉。第二个示例使用 wrap，正方形换行并开始了一个新行。具体实现如代码清单 5-10 所示。

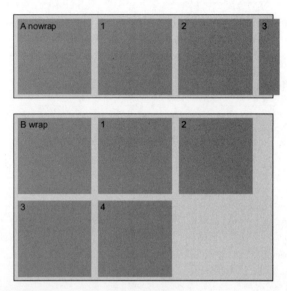

图 5-21 两个溢出容器的示例：一个将 flexwrap 设置为 nowrap，另一个将 flexwrap 设置为 wrap

代码清单 5-10 flexWrap 的两个值对布局的影响

```
import React, { Component } from 'react';
import { StyleSheet, Text, View} from 'react-native';

export default class App extends Component<{}> {
    render() {
        return (
            <View style={styles.container}>
                <NoWrapContainer>          ◀── flexWrap设置为nowrap：
                                               正方形溢出屏幕
                    <Example>A nowrap</Example>
                    <Example>1</Example>
                    <Example>2</Example>
                    <Example>3</Example>
                    <Example>4</Example>
                </NoWrapContainer>
                <WrapContainer>            ◀── flexWrap设置为wrap：正
                                               方形换行，开始一个新行
                    <Example>B wrap</Example>
                    <Example>1</Example>
                    <Example>2</Example>
                    <Example>3</Example>
                    <Example>4</Example>
                </WrapContainer>
```

```
            </View>
        );
    }
}

const NoWrapContainer = (props) => (                    第一个示例使用
    <View style={[styles.noWrapContainer,props.style]}> noWrapContainer样式
        {props.children}
    </View>
);

const WrapContainer = (props) => (                      第二个示例使用
    <View style={[styles.wrapContainer,props.style]}>   wrapContainer样式
        {props.children}
    </View>
);

const Example = (props) => (
    <View style={[styles.example,props.style]}>
        <Text>
            {props.children}
        </Text>
    </View>
);

const styles = StyleSheet.create({
    container: {
        marginTop: 150,
        flex: 1
    },
    noWrapContainer: {
        backgroundColor: '#ededed',           将flexDirection设置为row,
        flexDirection: 'row',                 将flexWrap设置为nowrap
        flexWrap: 'nowrap',
        borderWidth: 1,
        margin: 10
    },
    wrapContainer: {
        backgroundColor: '#ededed',
        flexDirection: 'row',                 将flexDirection设置为row,
        flexWrap: 'wrap',                     将flexWrap设置为wrap
        borderWidth: 1,
        margin: 10
    },
```

```
    example: {
        width: 100,
        height: 100,
        margin: 5,
        backgroundColor: '#666666'
    },
});
```

如果要铺瓷砖，很容易看出上述哪一种方式更可取。当然也可能会遇到某些情况，nowrap 更好用。至此，读者已经掌握 flexbox 的基础知识，并能够用其在 React Native 中构建响应式布局。

本章小结

- 在介绍屏幕渲染时，iOS 和 Android 都不使用实际的物理测量值，iOS 使用抽象的点的概念，Android 使用与密度无关的像素概念。尽管这两个平台采用不同的测量体系，但不会对开发产生太大影响，当然像素级完美图形除外。
- 某些样式仅在特定平台上可用。ShadowPropTypeIOS 仅在 iOS 上可用，Android 上可用 Elevation。
- 可以使用 translateX 和 translateY 变形，实现在 x 轴和 y 轴方向上移动组件。
- 可以使用 rotateX、rotateY 和 rotateZ 围绕 x 轴、y 轴和 z 轴旋转组件。旋转点是在变形之前对象的原始中心点位置。
- 可以在 x 轴和 y 轴方向上缩放组件。
- 可以在 x 轴和 y 轴方向上倾斜组件。
- 可以同时应用多个变形，要注意指定顺序。旋转组件会更改组件的方向，影响后续变形。
- flexDirection 属性可以定义主轴，默认为 column。
- justifyContent 属性定义了如何沿主轴布置各子项。
- alignItems 属性定义了如何沿次轴布置各子项。
- alignSelf 属性可用于覆盖父容器指定的 alignItems 属性。
- flexWrap 属性可以处理子项从屏幕溢出的问题。

第 6 章 导航

本章内容包括:
- 对比 React Native 导航与网络导航。
- 使用选项卡、堆栈以及抽屉进行导航。
- 管理嵌套导航器。
- 在路径之间传递数据和方法。

在任何移动应用中,导航是核心功能。在构造一款应用之前,建议先考虑一下这款应用的导航和路径规划。本章涵盖 3 种典型的移动应用导航:选项卡式、堆栈式以及抽屉式。

典型的选项卡式导航是在屏幕的顶部或底部设有选项卡。单击一个选项,就会导航至与该选项卡相连的界面。许多受欢迎的应用,如 Twitter、Instagram 以及 Facebook,都在其主界面上采用了选项卡式导航。

堆栈式导航是从一个界面跳转到另一个界面,新界面替换当前界面,并且经常会使用一些动画过渡。用户可以在堆栈中前进或后退。堆栈式导航可以看作一个组件数组:把一个新组件推入数组就意味着跳转至这个新组件的界面。欲返回,就从堆栈中弹出最后一个界面并导航至上一个界面。大多数导航库都可以处理上述推入和弹出动作。

抽屉式导航是典型的侧边栏菜单设计,从屏幕的左边或右边弹出并列出一些选项。当单击其中一个选项时,抽屉会关闭,导航至该选项的新界面。

React Native 框架不包括导航库。在构建 React Native 应用的导航时,需要借助第三方导航库。可用导航库并不多,本章将采用 React Navigation 导航库来构建示例应用。该导航库由 React Navigation 团队推荐,由 React and React Navigation 社区维护。

React Navigation 是基于 JavaScript 的导航应用。所有的跳转与控制都是由 JavaScript 处理的。有些开发团队偏爱原生解决方案,理由如下:他们正在把 React Navigation 添加到现存应用上,因此希望通过这款应用的导航可以前后一致。若读者也对这种原生导航方案感兴趣,请使用 React Native Navigation,这是一个开源导航库,由 Wix 工程师开发。

6.1 对比 React Native 导航与网页导航

网页导航的模式与 React Native 有很大不同，因此对于许多刚接触 React Native 的开发者而言，React Native 导航就是一个绊脚石。网页导航习惯于使用 URLs。在不同的框架和环境下，有不同的导航至新路径的方法，最典型的方法就是把用户带到一个新的 URL，并在需要时添加一些 URL 参数。

在 React Native 中，路径是基于组件存在的。通过使用导航器来加载或显示组件。导航方式（选项卡式、堆栈式、抽屉式、组合式）差异会导致路径差异。在下一节建立示例应用时会用到上述各种方式。

在应用中由于需要跟踪所有路径中的数据和状态，以及访问在其他位置定义的方法，因此制定一个数据和方法共享策略非常重要，比如，在顶层（定义导航的位置）进行设计，或使用状态管理库（如 Redux 或 MobX）来管理数据和方法。以下示例中就采用了上述顶层设计的方法。

6.2 构建一款页面导航应用程序

在本章将构造一款选项卡式和堆栈式导航应用程序。该应用程序名称为 Cities，如图 6-1 所示。这是一款旅行应用程序，可以追踪所有已经访问或想要访问的城市。用户可以添加想要访问城市的位置。

图 6-1 已完成的 Cities 应用程序，屏幕上可以添加城市、
展示城市列表、查看城市详细信息和市内具体地点

主导航是选项卡式，其中一个选项卡内包括一个堆栈式导航。左侧选项卡 Cities 显示已创建的城市列表，右侧选项卡 AddCity 内含有一个创建新城市的表单。在左侧选项卡上，用户可以单击一个城市进行查看，也可以在该城市中查看和创建地点。

第 1 步，创建一个新的 React Native 应用程序。在终端新建一个空目录，使用 React

第 6 章 导 航

Native CLI 安装新的 React Native 应用程序：

```
react-native init CitiesApp
```

第 2 步，找到上述新目录，安装两个依赖项：React Navigation 和 uuid。其中 React Navigation 为导航库，uuid 用于为每个城市创建唯一标识 ID：

```
cd CitiesApp
npm install react-navigation uuid
```

下面开始创建组件。在应用程序的根目录中创建名为 src 的主目录，用以保存这款应用程序的大部分新代码。在 src 主目录中添加 3 个子目录：AddCity、Cities 和 components。

主导航是选项卡式，所以每个选项卡对应一个组件（AddCity 和 Cities）。AddCity 文件夹只包含 AddCity.js 组件。Cities 文件夹包含两个组件：用来查看城市列表的 Cities.js 组件以及用来查看单个城市的 City.js 组件。组件文件夹可以存放所有可重用组件，本例中只保存了一个组件。

在 src 主目录内，还有 src/index.js 和 src/theme.js 文件。src/index.js 保存所有的导航配置，theme.js 保存主题配置，本例中为主颜色配置。图 6-2 展示了该项目的完整目录结构。

上述文件目录以及必要的依赖项创建完成之后，就可以编写代码了。首先使用 src/theme.js 文件设置主颜色，并使其可导出以便在应用程序中使用。本书将主题色设置为蓝色，用户可以随意更改。更改文件中的颜色值不会影响应用程序的运行，如代码清单 6-1 所示。

图 6-2　完整的 src 目录结构

代码清单 6-1　使用主颜色创建主题文件

```
const colors = {
    primary: '#1976D2'
}
export {
    colors
}
```

用户可以在整个应用程序中导入此主颜色，也可以随意更改。

下面，编辑 src/index.js 创建主导航配置。这个示例中创建了两个导航：一个选项卡导航，另一个堆栈式导航，如代码清单 6-2 所示。

代码清单 6-2　创建导航配置

```
import React from 'react'
```

```
import Cities from './Cities/Cities'              ┐  在文件的范围内
import City from './Cities/City'                  │  导入3个组件
import AddCity from './AddCity/AddCity'           ┘

import { colors } from './theme'    ←──┤ 导入主题中的颜色

import { createBottomTabNavigator,
         createStackNavigator } from 'react-navigation'   ←──┤ 从React Navigation
                                                              导入两个导航器
                              ┌──── 创建选项对象以保存
const options = {    ←────────┘     堆栈导航器的配置
  navigationOptions: {
    headerStyle: {
      backgroundColor: colors.primary
    },
    headerTintColor: '#fff'
  }
}

const CitiesNav = createStackNavigator({    ←──┤ 创建第一个导航实例
  Cities: { screen: Cities },
  City: { screen: City }
}, options)
                                                    ┐ 使用CitiesNav堆栈导航器
const Tabs = createBottomTabNavigator({    ←────────┤ 创建第一个选项卡导航,
  Cities: { screen: CitiesNav },                     │ 使用AddCity组件创建第
  AddCity: { screen: AddCity }                       ┘ 二个选项卡导航
})

export default Tabs
```

创建选项 options 对象时，堆栈式导航器会在每个路径顶部自动设置一个标题。标题内容通常是当前路径的名称以及后退按钮等。选项对象还定义了标题的背景颜色和色调颜色。

在上述第一个导航实例里 createStackNavigator 有两个参数：路径配置和其他（如样式）相关配置。第一个参数传入两条线路，第二个参数传入选项 options 对象。

下面，更新 App.js 以纳入上述新导航并将其渲染为主要入口。App.js 中还包含并控制该款应用程序中的可用方法和数据，如代码清单6-3所示。

代码清单6-3　更新 App.js 以使用导航配置

```
import React, { Component } from 'react';
import {
  Platform,
  StyleSheet,
  Text,
  View
```

第 6 章 导　　航

```
} from 'react-native';

import Tabs from './src'  ← 从src/index.js导入该导航

export default class App extends Component {
  state = {              ← 创建cities的初始状
    cities: []              态：一个空数组

  }
  addCity = (city) => {  ← 将新城市添加到现有城市列表
                            中，该列表存储于状态state中
    const cities = this.state.cities
    cities.push(city)
    this.setState({ cities })
  }
  addLocation = (location, city) => {  ← 将一个地点添加到所
                                          选城市的地点数组中
    const index = this.state.cities.findIndex(item => {
      return item.id === city.id
    })
    const chosenCity = this.state.cities[index]
    chosenCity.locations.push(location)
    const cities = [
      ...this.state.cities.slice(0, index),
      chosenCity,
      ...this.state.cities.slice(index + 1)
    ]
    this.setState({
      cities
    })
  }
  render() {
    return (           ← 返回Tabs组件并传入一个screenProps对象，该对象
      <Tabs               包含cities数组、addCity方法和addLocation方法
        screenProps={{
          cities: this.state.cities,
          addCity: this.addCity,
          addLocation: this.addLocation
        }}
      />
    )
  }
}
```

App.js 有以下 3 个主要功能。创建一个名为 cities 的空数组，将应用初始化，每个城市都是一个对象，具有城市名称、所属国家名称、ID 和一个由该城市内众多地点构成的数组。addCity 方法可以将新城市添加到状态 state 存储的 cities 数组中。addLocation 方法可以

在某一城市中添加一个地点，然后更新该城市，并使用新数据重置状态 state。

React Navigation 可以将上述方法和状态向下传递给导航器使用的所有路径。为此，传递一个名为 screenProps 的属性，其中包含用户想要访问的所有内容。然后，在任何路径中，this.props.screenProps 都可以访问这些数据和方法。

下面，创建一个名为 CenterMessage 的可重用组件，该组件在 Cities.js 和 City.js（src/components/CenterMessage.js）中使用。该组件在数组为空时显示一条消息。例如，当应用首次启动时，并未列出任何城市，该组件就可以显示如图 6-3 所示的消息，而不是显示空白屏幕，如代码清单 6-4 所示。

代码清单 6-4　CenterMessage 组件

```
import React from 'react'
import {
    Text,
    View,
    StyleSheet
} from 'react-native'
import { colors } from '../theme'
const CenterMessage = ({ message }) => (
    <View style={styles.emptyContainer}>
        <Text style={styles.message}>{message}</Text>
    </View>
)
const styles = StyleSheet.create({
    emptyContainer: {
        padding: 10,
        borderBottomWidth: 2,
        borderBottomColor: colors.primary
    },
    message: {
        alignSelf: 'center',
        fontSize: 20
    }
})
export default CenterMessage
```

这个组件很简单，是一个无状态组件，仅接收一条消息作为属性，并显示该消息及其样式。

接下来，在 src/AddCity/AddCity.js 中创建 AddCity 组件，该组件允许用户将一个新的城市添加到 cities 数组中，如图 6-4 所示。此组件内含一个表单，该表单带有两个文本输入框：一个用于城市名称，另一个用于国家名称。该组件还包含一个按钮，从 App.js 中调用 addCity 方法，如代码清单 6-5 所示。

第6章 导　　航

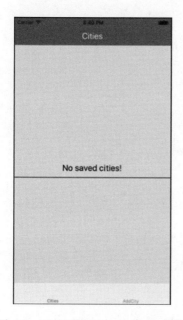

图 6-3　可重用的 CenterMessage 组件在显示屏上显示一条消息

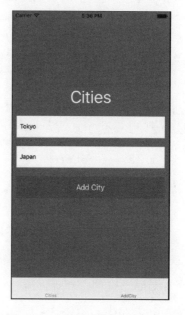

图 6-4　AddCity 选项卡允许用户输入新的城市名称和国家名称

代码清单 6-5　AddCity 选项卡（功能）

```
import React from 'react'
import {
    View,
    Text,
    StyleSheet,
    TextInput,
    TouchableOpacity
} from 'react-native'
import uuidV4 from 'uuid/v4'

import { colors } from '../theme'

export default class AddCity extends React.Component {
    state = {
        city: '',
        country: '',
    }
    onChangeText = (key, value) => {
        this.setState({ [key]: value })
    }
    submit = () => {
        if (this.state.city === '' || this.state.country === '') {
            alert('please complete form')
```

初始state包含城市名称和国家名称，两者最初都设置为空字符串

使用城市或名称更新state。该更新将与TextInput相关联，在输入值更改时触发更新

包含此组件的大部分功能

```
    }
    const city = {
        city: this.state.city,
        country: this.state.country,
        id: uuidV4(),
        locations: []
    }
    this.props.screenProps.addCity(city)
    this.setState({
        city: '',
        country: ''
    }, () => {
        this.props.navigation.navigate('Cities')
    })
}
render() {
    return (
        <View style={styles.container}>
            <Text style={styles.heading}>Cities</Text>
            <TextInput
                placeholder='City name'
                onChangeText={val => this.onChangeText('city', val)}
                style={styles.input}
                value={this.state.city}
            />
            <TextInput
                placeholder='Country name'
                onChangeText={val => this.onChangeText('country', val)}
                style={styles.input}
                value={this.state.country}
            />
            <TouchableOpacity onPress={this.submit}>
                <View style={styles.button}>
                    <Text style={styles.buttonText}>Add City</Text>
                </View>
            </TouchableOpacity>
        </View>
    )
}
}
```

在上述代码中，首先检查并确保城市名称和国家名称都不是空字符串。如果其中一个或两个都为空，则返回请求信息；换言之，只有当两个字段都填写内容才会存储数据。然后创建一个对象来保存欲添加到 cities 数组的城市。获取在 state 中的现有城市和国家的值，并使用 uuidV4 方法和一个空的地点数组来添加一个 ID 值。调用 this.props.screenProps.addCity，传入该新城市。接下来，重置状态以清空状态中原来存储的值。最后，通过调用 this.props.navigation.navigate 并传递要导航目的地字符串（在本例中为 Cities），将用户导航到 Cities 选项卡，以显示添加了新城市的城市列表。

导航器中的每个组件都可以自动访问两个属性：screenProps 和 navigation。在代码清单 6-3 中，在创建导航组件时，传入了 3 个 screenProps。在 submit 方法中，调用了 this.props.screenProps.addCity，访问并调用了这个 screenProps 方法。还可以通过调用 this.props.navigation.navigate 来访问导航属性。navigate 用于在 React Navigation 中各路径之间进行导航。

下面，为上述组件添加样式。此代码在 src/AddCity/AddCity.js 中位于类定义之下，如代码清单 6-6 所示。

代码清单 6-6　AddCity 选项卡（样式）

```
const styles = StyleSheet.create({
    button: {
        height: 50,
        backgroundColor: '#666',
        justifyContent: 'center',
        alignItems: 'center',
        margin: 10
    },
    buttonText: {
        color: 'white',
        fontSize: 18
    },
    heading: {
        color: 'white',
        fontSize: 40,
        marginBottom: 10,
        alignSelf: 'center'
    },
    container: {
        backgroundColor: colors.primary,
        flex: 1,
        justifyContent: 'center'
    },
    input: {
        margin: 10,
        backgroundColor: 'white',
        paddingHorizontal: 8,
        height: 50
    }
```

})

接下来，创建 src/Cities/Cities.js，列出应用中存储的所有城市，并允许用户导航到某一个城市如图 6-5 所示。实现上述功能，如代码清单 6-7 所示，样式如代码清单 6-8 所示。

图 6-5 Cities.js 显示已添加到应用中的城市列表

代码清单 6-7　Cities 路径（功能）

```
import React from 'react'
import {
  View,
  Text,
  StyleSheet,
  TouchableWithoutFeedback,
  ScrollView
} from 'react-native'            导入在代码清单6-4中创
                                 建的CenterMessage组件
import CenterMessage from '../components/CenterMessage'

import { colors } from '../theme'

export default class Cities extends React.Component {
  static navigationOptions = {    在类上声明一个静态navigationOptions
    title: 'Cities',              属性，并为该路径声明配置
```

第6章 导　航

```
    headerTitleStyle: {
      color: 'white',
      fontSize: 20,
      fontWeight: '400'
    }
  }
  navigate = (item) => {                    ← 作为this.props.navigation.navigate
    this.props.navigation.navigate('City', { city: item })    的第二个参数传递给该城市
  }
  render() {
    const { screenProps: { cities } } = this.props
    return (
      <ScrollView contentContainerStyle={[!cities.
      length && { flex: 1 }]}>
        <View style={[!cities.length &&
                    { justifyContent: 'center', flex: 1 }]}>
        {
          !cities.length && <CenterMessage message='No saved
          cities!'/>
          cities.map((item, index) => (
            <TouchableWithoutFeedback
              onPress={() => this.navigate(item)} key={index} >
              <View style={styles.cityContainer}>
                <Text style={styles.city}>{item.city}</Text>
                <Text style={styles.country}>{item.country}</Text>
              </View>
            </TouchableWithoutFeedback>
          ))
        }
        </View>
      </ScrollView>
    )
  }
}
```

从组件中的可用属性screenProps访问和解构cities数组

检查cities数组是否为空。如果是，则向用户显示一条消息：No saved cities!

映射数组中的所有城市，显示城市名称和国家名称。将navigate方法与TouchableWithoutFeedback组件相关联

在以上代码清单中，首先导入 CenterMessage 组件。React Navigation 能够控制路径中导航的某些选项。为此，可以在类上声明一个静态的 navigationOptions 属性并为路径声明配置。在本示例中，需要设置标题并为标题设置样式，因此需要为该配置提供 title 和 headerTitleStyle 属性。

在以上代码清单中，navigate 方法调用 this.props.navigation.navigate 并传入路径名称以及要在 City 路径中访问的城市。传入的城市名称是第二个参数，在 City 路径中，可以在

151

props.navigation.state.params 中访问该属性。render 方法可以访问并解构 cities 数组,还检查 cities 数组是否为空,如果是,就给用户显示相应的消息。数组中的所有城市被映射,并可以显示出城市名称和国家名称。navigate 方法与 TouchableWithoutFeedback 组件相关联,用户可以通过单击城市内的任何地点导航到该城市,如代码清单 6-8 所示。

代码清单 6-8　Cities 路径(样式)

```
const styles = StyleSheet.create({
    cityContainer: {
        padding: 10,
        borderBottomWidth: 2,
        borderBottomColor: colors.primary
    },
    city: {
        fontSize: 20,
    },
    country: {
        color: 'rgba(0, 0, 0, .5)'
    },
})
```

图 6-6　City.js 显示了城市内的地点

接下来,创建 City 组件(src/Cities/City.js)来保存每个城市内的地点以及供用户在城市内添加新地点的表单,如图 6-6 所示。该组件从 screenProps 访问各城市,使用 screenProps 中的 addLocation 方法给城市添加新地点。

代码清单 6-9　City 路径(功能)

```
import React from 'react'
import {
  View,
  Text,
  StyleSheet,
  ScrollView,
  TouchableWithoutFeedback,
  TextInput,
  TouchableOpacity
} from 'react-native'

import CenterMessage from '../components/CenterMessage'
import { colors } from '../theme'

class City extends React.Component {
    static navigationOptions = (props) => {       ← 与Cities.js类似,创建静态
                                                    的navigationOptions属性
```

第 6 章 导　航

```
    const { city } = props.navigation.state.params
    return {
      title: city.city,
      headerTitleStyle: {
        color: 'white',
        fontSize: 20,
        fontWeight: '400'
      }
    }
  }
  state = {
    name: '',
    info: ''
  }
  onChangeText = (key, value) => {
    this.setState({
      [key]: value
    })
  }
  addLocation = () => {                    // 解构city对象，创建一个地点对象，并调用
    if (this.state.name === '' || this.state.info === '') return
                                           // this.props.screenProps.addLocation来添加该
    const { city } = this.props.navigation.state.params
                                           // 地点并重置状态
    const location = {
      name: this.state.name,
      info: this.state.info
    }
    this.props.screenProps.addLocation(location, city)
    this.setState({ name: '', info: '' })
  }
  render() {
    const { city } = this.props.navigation.state.params    // 解构city
    return (
      <View style={{ flex: 1 }}>
<ScrollView
  contentContainerStyle={
    [ !city.locations.length && { flex: 1 }]
}>
  <View style={[
        styles.locationsContainer,
        !city.locations.length && { flex: 1,
                                    justifyContent: 'center' }
    ]}>
    {
      !city.locations.length &&
```

```
        <CenterMessage message='No locations for this city!' />
    }
    {                                                              // 映射cities数组中的城市，
      city.locations.map((location, index) => (                    // 并返回一个显示该城市名
        <View key={index} style={styles.locationContainer}>        // 称和信息的组件
          <Text style={styles.locationName}>{location.name}</Text>
          <Text style={styles.locationInfo}>{location.info}</Text>
        </View>
      ))
    }
  </View>
</ScrollView>
<TextInput  ←——————|创建表单
  onChangeText={val => this.onChangeText('name', val)}
  placeholder='Location name'
  value={this.state.name}
  style={styles.input}
  placeholderTextColor='white'
/>
            <TextInput onChangeText={val => this.onChangeText('info',
          val)}
              placeholder='Location info'
              value={this.state.info}
              style={[styles.input, styles.input2]}
              placeholderTextColor='white'
            />
            <View style={styles.buttonContainer}>
              <TouchableOpacity onPress={this.addLocation}>
                <View style={styles.button}>
                  <Text style={styles.buttonText}>Add
                  Location</Text>
                </View>
              </TouchableOpacity>
            </View>
          </View>
        )
      }
    }
```

在以上代码中，首先创建 navigationOptions 属性。使用了一个回调函数来返回对象而不是声明对象，原因在于需要访问属性才能访问到导航所传递的城市信息，需要使用城市名称作为路径名称，而不是使用硬编码字符串。

addLocation 方法解析 this.props.navigation.state.params 中的 city 对象，以便稍后在函数

中使用。然后，创建了一个包含地点名称和信息的 location 对象。调用 this.props.screenProps. addLocation 将该地点添加到用户当前正在查看的城市，然后重置状态。再次从导航状态中解构 city，这样才能映射城市中的地点，并在创建新地点时将该城市用作参数，以识别所指的城市。最后映射这些城市并返回一个显示城市名称和城市信息的组件，再创建一个带有两个文本输入框和一个按钮的表单。

6.3 实现数据持久化

目前，这款应用已经完成并能够运行。但是，在添加城市和地点之后，只要刷新应用就会发现所有城市都消失了，原因在于所有数据只是存储在内存中。本节将介绍如何使用 AsyncStorage 来实现数据持久化。即使用户关闭或刷新应用程序，数据依然存在。

为了达到上述效果，将在 App.js 中的 App 组件中进行以下操作。

- 每次添加新城市时，都将 cities 数组存储在 AsyncStorage 中。
- 每次将新地点添加到一个城市时，都将 cities 数组存储在 AsyncStorage 中。
- 当用户打开应用时，检查 AsyncStorage，查看是否所有城市都已经存储。如果是，就更新这些城市的状态。
- AsyncStorage 存储的数据类型必须是字符串类型。因此，如果存储值不是字符串则调用 JSON.stringify；如果要在使用之前解析存储值，则调用 JSON.parse。

打开 App.js 并进行以下更改。

1）导入 AsyncStorage，并创建一个 key 变量：

```
import {
    #omitting previous imports
    AsyncStorage
} from 'react-native';
const key = 'state'
export default class App extends Component {
    #omitting class definition
```

2）创建一个 componentDidMount 函数，该函数将检查 AsyncStorage 并使用已设置的 key 值获取存储在 AsyncStorage 中的任何项：

```
async componentDidMount() {
    try {
        let cities = await AsyncStorage.getItem(key)
        cities = JSON.parse(cities)
        this.setState({ cities })
    } catch (e) {
        console.log('error from AsyncStorage: ', e)
    }
}
```

3）在 addCity 方法中，创建新的 cities 数组后，将该数组存储在 AsyncStorage 中：

```
addCity = (city) => {
   const cities = this.state.cities
   cities.push(city)
   this.setState({ cities })
   AsyncStorage.setItem(key, JSON.stringify(cities))
      .then(() => console.log('storage updated!'))
      .catch(e => console.log('e: ', e))
}
```

4）更新 addLocation 方法以在调用 setState 后存储该城市数组：

```
addLocation = (location, city) => {
   #previous code omitted
   this.setState({
      cities
   }, () => {
      AsyncStorage.setItem(key, JSON.stringify(cities))
         .then(() => console.log('storage updated!'))
         .catch(e => console.log('e: ', e))
   })
}
```

现在，当用户关闭应用后再重新打开时，数据仍然存在可用。

6.4 使用 DrawerNavigator 创建抽屉式导航

上文已经介绍了如何创建堆栈式和选项卡式导航，本节介绍如何创建抽屉式导航 API。

抽屉式导航器 API 与堆栈式导航器 API 以及选项卡式导航器 API 非常相似。开发者可以使用 React Navigation 中的 createDrawerNavigator 函数来创建抽屉式导航。首先定义使用路径：

```
import Page1 from './routeToPage1'
import Page2 from './routeToPoage2'
```

然后定义导航器中的屏幕：

```
const screens = {
   Page1: { screen: Page1 },
   Page2: { screen: Page2 }
}
```

最后，使用屏幕配置定义导航器，就可以在应用中使用了，配置如下：

```
const DrawerNav = createDrawerNavigator(screens)
```

第6章 导 航

```
// somewhere in our app
<DrawerNav />
```

本章小结

- 在构建应用程序之前，开发者需要考虑导航和路径问题。
- React Native 支持多个导航库，备受推荐的是 React Navigation 和 React Native Navigation。前者基于 JavaScript 的导航库，后者是原生实现。
- 导航器主要分 3 种类型。
  - 选项卡式导航通常在屏幕的顶部或底部设有选项卡。当用户单击一个选项卡时，就会在屏幕上看到与该选项卡相关的内容。例如，CreateBottomTabNavigator 可以在屏幕底部创建选项卡。
  - 堆栈式导航是从一个屏幕切换到另一个屏幕并替换当前屏幕。用户可以在堆栈中向后或继续向前操作。堆栈式导航通常用于实现某种动画转换。例如，使用 CreateStack-Navigator 函数可以创建堆栈式导航。
  - 抽屉式导航通常是从屏幕左侧或右侧弹出显示选项列表。当用户单击一个选项时，抽屉会关闭并渲染新的屏幕。例如，使用 createdrawernavigator 函数可以创建抽屉式导航。
- 开发者使用基于不同类型（选项卡式、堆栈式、抽屉式）的导航或上述导航类型组合时，路径设置也会有所不同。由 React Navigationt 导航库管理的路径和屏幕都有其专属的导航属性，可用于控制导航状态。
- 使用 AsyncStorage 可以实现数据持久化，即使用户关闭或刷新应用，数据都不会丢失，依然可用。

第 7 章 动画

本章内容包括：
- 使用 Animated.timing 创建基本动画。
- 使用带有动画值的插值。
- 创建动画并使之并行出现。
- 使用 Animated.stagger 使动画交错出现。
- 使用原生驱动将动画卸载到本机 UI 线程。

React Native 的优点之一是能够使用 Animated API 轻松创建动画。Animated API 是众多 React Native API 中一个简单、好用并且稳定的 API。

动画通常用于美化应用程序的 UI，让设计更加活泼生动。适时地使用动画会给用户带来完全不一样的用户体验，从而能够使一款应用程序脱颖而出。

本章示例中将用到以下技巧。
- 当用户输入获得焦点时放大。
- 动态的欢迎界面比静态界面更具活力。
- 自定义动画加载指示器。

本章将深入探讨如何创建动画，以便读者能够充分利用 Animated API。

7.1 介绍 Animated API

React Native 自带 Animated API，需要使用时，导入即可。创建动画时，需要以下 4 步。
1）从 React Native 导入 Animated。
2）使用 Animated API 创建动画值。
3）将动画值作为样式附加到组件。
4）使用函数为动画值产生动画效果。

Animated API 有以下 4 种开箱即用的可动画化组件。

第 7 章 动　　画

- 视图 View。
- 滚动视图 ScrollView。
- 文本 Text。
- 图像 Image。

在第 7.5 节中，还将介绍如何使用带有 createAnimatedComponent 的元素或组件来创建自定义动画组件。

下面介绍如何使用 Animated 创建一个基本动画。在代码清单 7-1 中，将为一个方框的上边缘设置动画，如图 7-1 所示。

代码清单 7-1　使用 Animated 更新 marginTop 属性

```
import React, { Component } from 'react';
import {
  StyleSheet,
  View,
  Animated,          ← 从React Native导入Animated API
  Button
} from 'react-native';

export default class RNAnimations extends Component {
  marginTop = new Animated.Value(20);   ← 创建一个名为MarginTop的类属性,并确定其为动画值,同时传入初始值（本例中为20）
  animate = () => {        ← 创建一个函数使该值产生动画效果
    Animated.timing(
      this.marginTop,
      {
        toValue: 200,
        duration: 500,
      }
    ).start();
  }
  render() {
    return (
      <View style={styles.container}>
        <Button          ← 将animate方法附加到onPress处理程序,以便调用
          title='Animate Box'
          onPress={this.animate}
        />
        <Animated.View          ← 使用Animated.View组件而不是常规View组件
          style={[styles.box, { marginTop: this.marginTop } ]} />
      </View>
    );
  }
}
```

```
const styles = StyleSheet.create({
  container: {
    flex: 1,
    padding: 10,
    paddingTop: 50,
  },
  box: {
    width: 150,
    height: 150,
    backgroundColor: 'red'
  }
});
```

图 7-1　使用 Animated 设置方框上边缘的动画

以上示例使用 timing 函数来配置动画效果，该函数接受两个参数：初始值和配置对象。同时向配置对象传递了 toValue 和 duration，分别用于设置产生动画的动画值和动画的持续时间（单位为毫秒 ms）。

以上示例中并未使用视图 View 组件，而是使用了 Animated.View。Animated 有 4 个开箱即用的组件：View、Image、ScrollView 和 Text。在 Animated.View 的样式中，传入由基本样式（styles.box）和动画样式（marginTop）组成的样式数组。

以上介绍了一个基本动画组件的创建过程。下面将通过非常有用的实例来创建更多的动画。

7.2 获得焦点时表单输入放大

本节将创建一个基本表单输入，获得焦点时会放大，失去焦点时会缩小。这是一种目前很流行的 UI（用户界面）模式。

本书前文介绍过 TextInput 组件中可以使用的属性（如 value、placeholder 和 onChangeText）。除此之外，TextInput 组件还可以使用 onFocus（获得焦点）和 onBlur（失去焦点）。代码清单 7-2 会实现输入文本框获得焦点和失去焦点时的动画效果，如图 7-2 所示。

代码清单 7-2 设置 TextInput 动画：在输入时获得焦点并放大

```
import React, { Component } from 'react';
import {
  StyleSheet,
  View,
  Animated,
  Button,
  TextInput,
  Text,
} from 'react-native';                          // 为动画创建一个名为
                                                // animatedWidth的初始值
export default class RNAnimations extends Component {
  animatedWidth = new Animated.Value(200);
  animate = (value) => {                        // 创建一个动画函数，该函数将为
    Animated.timing(                            // animatedWidth的动画值设置动画
      this.animatedWidth,
      {
        toValue: value,
        duration: 750,
      }
    ).start()
  }
  render() {
    return (                                    // 将animatedWidth值附加到包含
      <View style={styles.container}>           // Input组件的View容器的样式上
        <Animated.View style={{ width: this.animatedWidth }}>
          <TextInput                            // 将animate方法附加到onBlur和
            style={[styles.input]}              // onFocus处理程序上，在每个事
            onBlur={() => this.animate(200)}    // 件触发时传入所需的宽度
            onFocus={() => this.animate(325)}
            }
        ).start();
    }
    render() {
```

```
        return (
            <View style={styles.container}>
                <Button
                    title='Animate Box'
                    onPress={this.animate}
                />
                <Animated.View
                    style={[styles.box, { marginTop: this.marginTop } ]}
                />
            </View>
        );
    }
}
const styles = StyleSheet.create({
    container: {
        flex: 1,
        padding: 10,
        paddingTop: 50,
    },
    box: {
        width: 150,
        height: 150,
        backgroundColor: 'red'
    }
});
```

图 7-2　在输入获得聚焦时 TextInput 组件的动画效果

7.3 用插值创建自定义加载动画

很多情况下，需要创建无限循环的动画，如加载指示器和活动指示器。创建此类动画可以使用 Animated.loop 函数。本节将使用该函数和缓动模块（Easing）来创建加载指示器：以无限循环的方式旋转图像。

上一节介绍了如何使用 Animated.timing 调用动画。在本节示例中，要求动画连续运行而不停止，因此，可以使用一个名为 loop 的新静态方法。Animated.loop 连续运行一个动画：每次动画到达结尾时都会从头再开始。

本节对样式的处理格式也会稍有不同。在代码清单 7-1 和 7-2 中，直接在组件的样式属性中使用动画值。随后的示例中将这些动画值存储在变量中，并在使用 style 属性中的新插值变量之前插入值。因为要创建旋转效果，所以使用字符串而不是数字，例如，为 style 引用诸如 360deg 之类的值。

Animated 有一个名为 interpolate 的类方法，可用于更改和操纵动画值。interpolate 方法采用一个配置对象，该对象有两个键：inputrange（数组）和 outputrange（数组）。inputrange 是原始动画值，outputrange 是更改之后的值。

最后，更改动画的缓动值。Easing 基本上可以控制动画的运动。本示例需要平滑、均匀的旋转效果，因此将使用线性缓动函数。

React Native 中有一种内置方法来实现常见的缓动函数。如同导入其他 API 和组件一样，可以导入 Easing 模块并与 Animated 一起使用。可以在配置对象中配置 Easing，在 Animated.timing 的第二个参数中设置 toValue 和 duration 值。下面来看一个名为 animatedMargin 的示例。要将 animatedMargin 设置为 0~200，可通过直接设置 timing 函数 0~200 来实现缓动效果。插值就是在 timing 函数中为 0~1 之间的动画值设置动画，然后使用 Animated 插值类方法进行插值，将值保存到另一个变量中，然后在样式中（通常是在渲染方法中）引用该变量：

```
const marginTop = animatedMargin.interpolate({
    inputRange: [0, 1],
    outputRange: [0, 200],
});
```

下面，使用插值来创建加载指示器。当应用处于加载状态时，用户就会看到加载指示器；在 componentDidMount 中调用 setTimeout，2000ms 后取消加载状态，如图 7-3 所示。图标来源 https://github.com/dabit3/react-native-in-action/blob/chapter7/assets/35633-200.png；可以免费使用，如代码清单 7-3 所示。

代码清单 7-3　创建一个无限旋转的加载动画

```
import React, { Component } from 'react';
import {
    Easing,
```

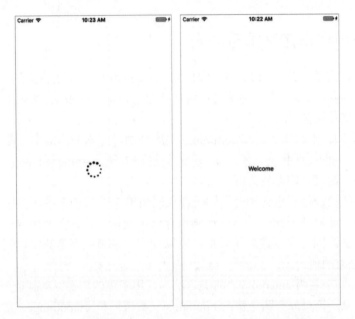

图 7-3 使用插值和 animated loop 创建一个旋转的加载指示器

```
  StyleSheet,
  View,
  Animated,
  Button,
  Text,
} from 'react-native';

export default class RNAnimations extends Component {
  state = {
    loading: true,   ← 用loading:true初始化state
  }
  componentDidMount() {   ← 通过调用this.animate触发动画,
    this.animate();          调用setTimeout函数,在2s后将
                             state中的loading设置为false
    setTimeout(() => this.setState({ loading: false }), 2000)
  }
  animatedRotation = new Animated.Value(0);   ← 将animatedRotation
                                                初始值设置为0
  animate = () => {   ← 创建一个Animate类方法,将Animated.timing
    Animated.loop(      传递给对Animated.loop的调用
      Animated.timing(
        this.animatedRotation,
        {
          toValue: 1,
          duration: 1800,
          easing: Easing.linear,
        }
```

第 7 章 动 画

```jsx
        )
      ).start()
    }
    render() {                                    // 使用animatedRotation值和interpolate
      const rotation = this.animatedRotation.interpolate({  // 方法创建一个新的旋转值
        inputRange: [0, 1],
        outputRange: ['0deg', '360deg'],          // 传入inputRange的值以
      });                                          // 映射到outputRange
      const { loading } = this.state;
      return (
        <View style={styles.container}>
          {
            loading ? (                            // 检查loading是否为true,
              <Animated.Image                      // 并做出相应的响应
                source={require('./pathtoyourimage.png')}
                style={{width: 40,
                  height: 40,
                  transform: [{ rotate: rotation }]
                }}
              />
            ) : (
              <Text>Welcome</Text>
            )
          }
        </View>
      );
    }
  }
  const styles = StyleSheet.create({
    container: {
      flex: 1,
      justifyContent: 'center',
      alignItems: 'center',
      padding: 10,
      paddingTop: 50,
    },
    input: {
      height: 50,
      marginHorizontal: 15,
      backgroundColor: '#ededed',
      marginTop: 10,
      paddingHorizontal: 9,
    },
  });
```

传入动画的开始值和结束值（0和1）

以上代码中，animate 类方法将 Animated.timing 传递给对 Animated.loop 的调用。将 toValue 设置为 1，将 duration 设置为 1800，并将 easing 设置为 Easing.linear，以创建平滑的旋转运动。

使用 animatedRotation 值和 interpolate 方法创建一个新的 rotation 旋转值。inputRange 给出动画的开始值和结束值（0 和 1）。outputRange 给出 inputRange 应该映射到的值（'0deg'和'360deg'）：开始值为 0°，结束值为 360°，创建一个完整的 360°旋转。

在 return 语句中，首先检查 loading 是否为 true。如果是 true，则显示动画加载指示器（将路径更新为应用中图标的路径）；如果是 false，则显示欢迎信息。将 rotation 附加到 Animated.Image 样式中 transform 的 rotate 上。

7.4 创建多个并行动画

有时需要一次创建多个动画并让其同时运行，就可以使用 Animated 库里的 parallel 方法。parallel 可以同时启动一系列动画。

例如，要在屏幕上渲染一个欢迎界面，该界面中同时显示两条信息和一个按钮。可以创建 3 个独立的动画，然后对这 3 个动画分别调用.start()。还有一种更有效的方法：使用 Animated.parallel 函数传入动画数组，然后同时运行。

下面将创建这个欢迎界面，该界面会显示两条信息和一个开始按钮，如图 7-4 所示。因为使用了 Animated.parallel，所以 3 个动画将同时开始。在配置中添加延迟属性 delay，以控制其中两个动画的开始时间，如代码清单 7-4 所示。

图 7-4 使用并行动画的欢迎界面
　　　（动画效果已完成）

代码清单 7-4　创建一个欢迎界面

```
import React, { Component } from 'react';
import {
    Easing,
    StyleSheet,
    View,
    Animated,
    Text,
```

第7章 动　画

```
  TouchableHighlight,
} from 'react-native';

export default class RNAnimations extends Component {
  animatedTitle = new Animated.Value(-200);      ┐ 在创建类时要创建
  animatedSubtitle = new Animated.Value(600);    │ 3个新的动画值
  animatedButton = new Animated.Value(800);      ┘

  componentDidMount() {      ┐ 在componentDidMount
    this.animate();          ┘ 上调用animate()方法
  }
  animate = () => {
    Animated.parallel([          ┐ 调用animated.parallel，传入
      Animated.timing(           │ 3个Animated.timing动画以
        this.animatedTitle,      ┘ 触发3个动画同时开始
        {
          toValue: 200,
          duration: 800,
        }
      ),
      Animated.timing(           ┐ 调用animated.parallel，传入
        this.animatedSubtitle,   │ 3个Animated.timing动画以
        {                        ┘ 触发3个动画同时开始
          toValue: 0,
          duration: 1400,
          delay: 800,
        }
      ),
      Animated.timing(
        this.animatedButton,
        {
          toValue: 0,
          duration: 1000,
          delay: 2200,
        }
      )
    ]).start();
  }
  render() {
    return (
      <View style={styles.container}>
        <Animated.Text style={[styles.title,
                      { marginTop: this.animatedTitle}]}>
          Welcome
```

```
            </Animated.Text>
            <Animated.Text style={[styles.subTitle,
                            { marginLeft: this.animatedSubtitle }]}>
              Thanks for visiting our app!
            </Animated.Text>
            <Animated.View style={{ marginTop: this.animatedButton }}>
              <TouchableHighlight style={styles.button}>
                <Text>Get Started</Text>
              </TouchableHighlight>
            </Animated.View>
        </View>
      );
    }
  }
  const styles = StyleSheet.create({
      container: {
          flex: 1,
      },
      title: {
          textAlign: 'center',
          fontSize: 20,
          marginBottom: 12,
      },
      subTitle: {
          width: '100%',
          textAlign: 'center',
          fontSize: 18,
          opacity: .8,
      },
      button: {
          marginTop: 25,
          backgroundColor: '#ddd',
          height: 55,
          justifyContent: 'center',
          alignItems: 'center',
          marginHorizontal: 10,
      }
  });
```

将所有动画值附加到需设置动画的每个组件上

7.5 创建一个动画序列

动画序列（sequence）是一系列依次出现的动画，每个动画在开始前需等待上一个动画完成。可以使用 sequence 来创建动画序列。与 parallel 类似，sequence 也包含一个动画数组：

```
Animated.sequence([
   animationOne,animationTwo,
   animationThree
]).start()
```

下面将创建一个序列，将数字 1、2、3 投放到屏幕中，投放间隔为 500ms，如图 7-5 和代码清单 7-5 所示。

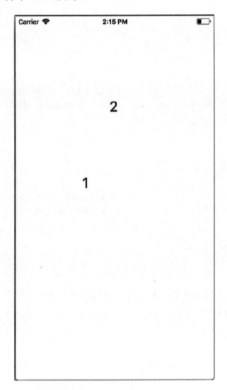

图 7-5　创建一个由数字组成的动画序列

代码清单 7-5　创建一个动画序列

```
import React, { Component } from 'react';
import {
    StyleSheet,
    View,
    Animated              ← 从React Native
                            导入Animated
} from 'react-native';
export default class RNAnimations extends Component {
    componentDidMount() {
        this.animate();   ← 组件装载时调
                            用animate函数
    }
```

```jsx
    AnimatedValue1 = new Animated.Value(-30);     // 创建3个动画值，传入
    AnimatedValue2 = new Animated.Value(-30);     // -30作为起始值
    AnimatedValue3 = new Animated.Value(-30);
    animate = () => {
        const createAnimation = (value) => {      // 创建一个createAnimation函数作为
            return Animated.timing(               // 辅助函数，用于制作新的计时动画
                value, {
                    toValue: 290,
                    duration: 500
                }
            )
        }
        Animated.sequence([
            createAnimation(this.AnimatedValue1),  // 启动该序列，为每个动画值
            createAnimation(this.AnimatedValue2),  // 调用一次createAnimation
            createAnimation(this.AnimatedValue3)
        ]).start()
    }
    render() {
        return (
            <View style={styles.container}>       // 将动画值传递给3个
                <Animated.Text style={[styles.text,{ marginTop:   Animated.Text组件
                  this.AnimatedValue1}]}>
                    1
                </Animated.Text>
                <Animated.Text style={[styles.text,{ marginTop:
                  this.AnimatedValue2}]}>
                    2
                </Animated.Text>
                <Animated.Text style={[styles.text,{ marginTop:
                  this.AnimatedValue3}]}>
                    3                             // 将动画值传递给3个
                </Animated.Text>                  // Animated.Text组件
            </View>
        );
    }
}
const styles = StyleSheet.create({
    container: {
        flex: 1,
        justifyContent: 'center',
        flexDirection: 'row',
    },
    text: {
```

```
        marginHorizontal: 20,
        fontSize: 26
    }
});
```

此示例使用-30 为起始动画值,因为该数值是文本元素的 marginTop 值:文本从屏幕顶部拉出,并在动画开始之前隐藏在屏幕顶部。createAnimation 函数还接收了一个动画值作为其参数。

7.6 使用 Animated.stagger 交错动画开始时间

本章介绍的最后一种动画类型 Animated.stragger,与 parallel 和 sequence 一样,stagger 也包含了一个动画数组,同时执行所有动画,但是设置等间隔的交错开始时间。与 parallel 和 sequence 不同的是,stagger 的第一个参数是交错时间,第二个参数是动画数组:

```
Animated.stagger(
    100,
    [
        Animation1,
        Animation2,
        Animation3
    ]
).start()
```

本示例中,将创建大量动画,把一系列红框交错显示在屏幕上,如图 7-6 和代码清单 7-6 所示。

代码清单 7-6　使用 Animated.stagger 生成一系列交错动画

```
import React, { Component } from 'react'
import {
    StyleSheet,
    View,
    Animated          ←—— 从React Native导入Animated
} from 'react-native'

export default class RNAnimations extends Component {
  constructor () {
    super()
    this.animatedValues = []
    for (let i = 0; i < 1000; i++) {         ┐ 创建一个包含1000个
      this.animatedValues[i] = new Animated.Value(0)   ├ 动画值为0的数组
    }                                         ┘
```

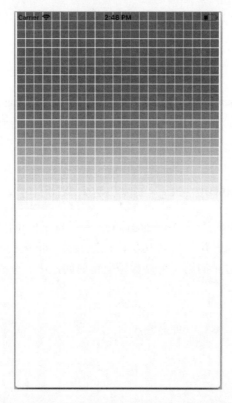

图 7-6 使用 Animated.stagger 创建交错动画数组

```
    this.animations = this.animatedValues.map(value => {
      return Animated.timing(
        value,
        {
          toValue: 1,
          duration: 6000
        }
      )
    })
  }
  componentDidMount() {
    this.animate()          ← 调用animate方法
  }
  animate = () => {
    Animated.stagger(15, this.animations).start()  ←
  }                          调用Animated.stagger().start()，传
  render() {                 入15ms的交错时间和动画数组
    return (
      <View style={styles.container}>
        {
```

创建一个
Animated.
timing动画
数组，引用
animatedValues
数组中创建的
动画值

```
            this.animatedValues.map((value, index) => (
                <Animated.View key={index}
                            style={[{opacity: value},
                                    styles.box]} />
            ))
        }
        </View>
        );
    }
}
const styles = StyleSheet.create({
    container: {
        flex: 1,
        justifyContent: 'center',
        flexDirection: 'row',
        flexWrap: 'wrap'
    },
    box: {
        width: 15,
        height: 15,
        margin: .5,
        backgroundColor: 'red'
    }
})
```

为数组中的每个项创建Animated.View，映射这些动画

7.7 Animated 动画库的其他技巧

除了前文已经介绍过的 Animated API 之外，还有一些有用的技巧：重置动画值、调用回调函数、将动画卸载到原生线程以及创建自定义可动画组件。本节将对以上技巧进行简要介绍。

7.7.1 重置动画值

对动画的调用，可以使用 setValue(value)函数将 value 重置为任何想要的值。如果已经用某个值调用了动画，需要再次调用时就可以使用此重置方法，将动画值重置为原始值或某一新值：

```
animate = () => {
    this.animatedValue.setValue(300);
    #continue here with the new animated value
}
```

7.7.2 调用回调函数

动画完成后,可以触发回调函数,如下所示:

```
Animated.timing(
    this.animatedValue,
    {
        toValue: 1,
        duration: 1000
    }
).start(() => console.log('animation is complete!'))
```

7.7.3 使用 useNativeDriver 卸载动画至原生线程

Animated 动画库使用 JavaScript 线程执行动画,开箱即用。多数情况下,这种方法可以正常运行,不会有很多性能方面的问题。但是,如果有什么事件阻止了 JavaScript 线程,则可能出现跳帧问题,导致延迟或跳跃。

有一种使用 JavaScript 线程的方法:使用 useNativeDriver 配置布尔值。useNativeDriver 将动画卸载到原生 UI 线程上,然后原生代码可以直接在 UI 线程上更新视图,如下所示:

```
Animated.timing(
    this.animatedValue,
    {
        toValue: 100,
        duration: 1000,
        useNativeDriver: true
    }
).start();
```

并非所有动画都可以使用 useNativeDriver 来卸载,因此使用前请务必检查 Animated API 文档。截至本书撰写之时,只有非布局属性可以使用此方法,而 flexbox 以及边距和填充等属性皆无法使用。

7.7.4 使用 createAnimatedComponent 创建自定义可动画组件

在第 7.1 节中提到,开箱即用的可动画组件仅限于 View、Text、Image 和 ScrollView。其实还有一种方法,可以利用现有或自定义的 React Native 元素或组件来创建动画组件。可以在调用 createAnimatedComponent 时,将组件包装于内部来完成此操作。如下例:

```
const Button = Animated.createAnimatedComponent(TouchableHighlight)
<Button onPress={somemethod} style={styles.button}>
    <Text>Hello World</Text>
</Button>
```

这样，用户就可以像使用常规 React Native 组件一样使用该按钮。

本章小结

- 建议用内置 Animated API 在 React Native 框架中创建动画。
- Animated.timing 是 Animated 库中的主要方法。
- 开箱即用的可动画组件仅限于 View、Text、Image 和 ScrollView,但用户可以使用 createAnimatedComponent 创建自定义可动画的组件。
- 使用 Animated interpolate 方法来插值和重用动画。
- 使用 Animated.parallel 同时创建和触发动画数组。
- 使用 Animated.loop 创建无限循环动画。
- 使用 Animated.sequence 创建依次执行的动画序列。
- 使用 animated.stagger 创建并行发生的动画数组，但其开始时间根据传入时间而交错执行。

第 8 章
使用 Redux 数据架构库

本章内容包括：
- React context API 的工作原理。
- 创建 Redux store。
- 如何使用 Redux action 和 reducer 来管理全局 state。
- 使用 combineReducers 的 Reducer 组成。

在现实世界中构建 React 和 React Native 程序时，若没有精心考虑过如何处理数据层，很快会发现数据层变得纷繁复杂且难以管理。有一种处理数据的方法是将数据以组件 state 保存，以属性形式进行传递。本书中的代码正是采用了这种方法。另一种方法是使用数据架构模式或库，本章将介绍 Redux 数据架构库。在 React 生态系统中，Redux 是一种使用最广泛的处理数据的方法，由 Facebook 维护，该团队同时维护 React 和 React Native。

8.1 Redux 的定义

Redux 官方文档对 Redux 的定义如下：一个面向 JavaScript 应用的可预测的 state 容器。Redux 基本上是一个全局 state 对象，是应用程序中唯一的数据源，作为 props 被 React Native 组件接收。当数据在 Redux state 下更新时，整个应用程序都会将此新数据以 props 的形式接收。

Redux 将应用程序所有的全局 state 全部移至 store 中，以此保持应用程序的单一数据源，使程序更容易理解和推理。当用户需要了解某项内容的数据时，可以在 Redux 应用中精确地查找其位置，并且可以期望在应用程序的其他地方也可以使用相同的值并且是最新的。

下面介绍 Redux 的工作原理。Redux 采用了 React 的 context（上下文）功能，一种创建和管理全局 state 的机制。

8.2 使用 context 在 React 应用程序中创建和管理全局 state

context 是一个 React API，用于创建在应用程序中任何位置都可以访问的全局变量，只要接收 context 的组件是创建它的组件的子组件即可。在经典的 React 应用中，数据是父组件通过属性向子组件一级一级传递的。但是在某些特定场合，有些数据需要在各个组件之间共享。context 提供一种组件之间共享数据的方式，而无需在组件树上通过属性逐层传递。

注意：尽管 context 容易理解并且应用于许多开源库中，但是尽量不要在应用程序中使用 context，除非构建的是一个开源库或别无其他方法。此处介绍 context，只是为了便于理解 Redux 的工作原理。

首先介绍如何在基本的组件结构（3 个组件：Parent、Child1 和 Child2）中创建 context。以下示例显示如何从 Parent 层面应用整个应用程序的主题，以便在需要时可以控制整个应用程序的样式，如代码清单 8-1 所示。

代码清单 8-1　创建 context

```
const ThemeContext = React.createContext()    ← 创建新变量ThemeContext

class Parent extends Component {              ← 创建state变量themeValue，
  state = { themeValue: 'light' }                值为'light'
  toggleThemeValue = () => {
    const value = this.state.themeValue === 'dark' ?
    'light' : 'dark'                          ← 检查当前主题的值并将
    this.setState({ themeValue: value })        其切换为'light'或'dark'
  }
  render() {
    return (
      <ThemeContext.Provider                  ← 为子组件提供context，
        value={{                                Provider中包含的任何内
          themeValue: this.state.themeValue,    容都可供Consumer中
          toggleThemeValue: this.toggleThemeValue  的子项使用
        }}
      >
        <View style={styles.container}>
          <Text>Hello World</Text>
        </View>
        <Child1 />
      </ThemeContext.Provider>
    );
  }
}
```

```
}
const Child1 = () => <Child2 />
```
※ 无state函数，返回一个组件，表明并未在Parent和Child2之间传递属性

```
const Child2 = () => (
  <ThemeContext.Consumer>
    {(val) => (
        <View style={[styles.container,
                     val.themeValue === 'dark' &&
                     { backgroundColor: 'black' }]}>
           <Text style={styles.text}>Hello from Component2</Text>
           <Text style={styles.text}
                 onPress={val.toggleThemeValue}>
              Toggle Theme Value
           </Text>
        </View>
    )}
  </ThemeContext.Consumer>
)
const styles = StyleSheet.create({
    container: {
        flex: 1,
        justifyContent: 'center',
        alignItems: 'center',
        backgroundColor: '#F5FCFF',
    },
    text: {
        fontSize: 22,
        color: '#666'
    }
})
```

※ 无state函数，返回一个包含在ThemeContext.Consumer中的组件

以上代码中，Child2 无 state 函数，返回一个包含在 ThemeContext.Consumer 中的组件。ThemeContext.Consumer 需要一个函数作为它的子元素。该函数接收一个参数，该参数包含可用 context（在本例中，val 对象包含两个属性）。然后就可以在组件中使用 context 的值。

当 Redux 用于 React 时，需要使用 connect 函数，该函数包含了一些 context，使其可用作组件中的属性。理解 context 有助于 Redux 的下一步学习。

8.3 在 React Native 应用程序中实现 Redux

前文中，读者已了解 Redux 的基础知识和 context 的相关内容。本节将创建一个新的 React Native 应用程序，并开始添加 Redux。这是一个简单的应用列表，用于记录已阅读书

第 8 章 使用 Redux 数据架构库

目,如图 8-1 所示。基本步骤如下所述。

1) 创建一个新的 React Native 应用程序,命名为 RNRedux:

```
react-native init RNRedux
```

2) 切换到新目录:

```
cd RNRedux
```

3) 安装用户需要的 Redux 特定依赖项:

```
npm i redux react-redux - -save
```

4) 在根目录中,创建一个名为 src 的文件夹,并向其中添加以下文件:Books.js 和 actions.js。此外,在 src 中,创建一个名为 reducers 的文件夹,其中包含两个文件:bookReducer.js 和 index.js。src 文件夹结构如图 8-2 所示。

下面创建第一个 Redux 的 state,将在 bookReducer.js 中完成操作。在第 8.1 节中,Redux 被描述为一个全局对象。要创建此全局对象,可以使用 reducer 将多个较小的对象组合在一起。

图 8-1 图书清单应用程序完成版

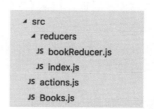

图 8-2 RNRedux src 文件夹结构

8.4 创建 Redux reducer 来存放 Redux 的 state

reducer 是一个返回对象的函数,当与其他 reducer 相结合时,就可以创建全局 state。读者可以将 reducer 简单理解为数据商店（store），每个商店中存有一些数据，这就是 reducer 在 Redux 架构中的作用。

reducers 文件夹中有两个文件：bookReducer.js 和 index.js。在 index.js 中，可以结合应用程序中的所有 reducer 来创建全局 state，但是应用程序只有一个 reducer 可以启动（bookReducer），所以全局 state 对象将如下所示：

```
{
    bookReducer: {}
}
```

目前，还没有决定在 bookReducer 中放入什么内容，那么先创建一个存储图书列表的数组将是一个良好的开端。这个 reducer 将创建并返回一个 state，读者稍后可以从 Redux store 中访问该 state。在 reducers/bookReducer.js 中创建第一个 reducer，其唯一目的（就目前而言）就是返回一个 state，如代码清单 8-2 所示。

代码清单 8-2　创建 reducern

```
const initialState = {   #A
  books: [{ name: 'East of Eden', author: 'John Steinbeck' }]
} #A

const bookReducer = (state = initialState) => {
  return state
}

export default bookReducer
```

创建 initialState 对象

接受 state 参数并将默认值设置为初始 state

返回 state

上述代码中，initialState 对象中存放了初始 state，本示例中，就是一个书籍数组，可以用包含 name 和 author 属性的对象来填充该数组。以上代码还创建了一个函数，该函数接受 state 参数，并将默认值设置为初始 state。首次调用该函数时，state 将是未定义的，同时将返回 initialState 对象。目前，该函数的唯一目的就是返回 state。

在完成第一个 reducer 的创建之后，就可以进入 rootReducer（reducers/index.js），创建一个全局 state。root reducer 将结合应用程序中的所有 reducer 来创建一个全局 store（state 对象），如代码清单 8-3 所示。

代码清单 8-3　创建 root reducer

```
import { combineReducers } from 'redux'
import bookReducer from './bookReducer'

const rootReducer = combineReducers({
    bookReducer
})
```

从 Redux 导入 combineReducers 函数

导入 bookReducer

创建一个包含所有 reducer 的 root reducer，在本示例中，就是包含单个属性的 bookReducer

```
export default rootReducer
```

下一步，可以进入 App.js 将所有的 reducer 连接在一起来创建 Redux store，同时利用一些 Redux 和 React-Redux 帮助程序使所有子组件可以使用该 store。

8.5 添加 provider 并创建 store

在本节中，用户将向应用程序添加 provider。provider 通常是父组件，可以将某种数据传递给所有子组件。在 Redux 中，provider 将全局 state/store 传递给应用程序的其余部分。在 App.js 中，更新代码如代码清单 8-4 所示。

代码清单 8-4　添加 provider 和 store

```
import React from 'react'

import Books from './src/Books'         ← 导入Books组件（创建于代码清单8-5）
import rootReducer from './src/reducers' ← 导入rootReducer

import { Provider } from 'react-redux'   ← 从react-redux导入Provider包装器
import { createStore } from 'redux'      ← 导入createStore

const store = createStore(rootReducer)   ← 创建store，传入rootReducer

export default class App extends React.Component {
  render() {
    return (
      <Provider store={store} >
        <Books />                        ← 返回包裹在Provider组件
      </Provider>                          中的Books组件，将store
    )                                      作为属性传递给Provider
  }
}
```

Provider 包装器将主要组件包裹在一起。Provider 的任何子项都可以访问 Redux store。CreateStore 是 Redux 的一个实用程序，可以通过传入 rootReducer 来创建 Redux store。上述代码已经完成了基本的 Redux 设置，下一步，就可以访问应用程序中的 Redux store 了。

在 Books 组件中，将实现连接 Redux store，拉出 books 数组，映射到书籍，并在 UI 中显示它们，如图 8-3 所示。因为 Books 是 Provider 的子项，所以可以访问 Redux store 中的任何内容。

图 8-3　渲染来自 Redux store 的图书列表

8.6　使用 connect 函数访问数据

用户可以使用 react-redux 中的 connect 函数从子组件访问 Redux store。connect 函数的第一个参数是一个函数，是一个允许访问整个 Redux state 的函数。然后，返回一个对象，该对象中包含其能够访问到的 store 内容。

connect 是一个 curried 函数，在最基本的意义上是返回另一个函数的函数。connect 函数有两组参数：connect (args) (args)。connect 函数的第一个参数返回的对象中的属性可以作为 props 提供给组件。

以下示例通过查看在 Books.js 组件中使用的 connect 函数来了解这意味着什么，如代码清单 8-5 所示。

代码清单 8-5　Books.js 组件中的 connect 函数

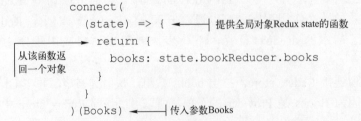

connect 函数的第一个参数是将全局对象 Redux state 作为参数的函数，可以引用该 state 对象访问 Redux state 里的任何内容。该函数返回一个对象，对象中返回的任何键都可以作为

第 8 章 使用 Redux 数据架构库

要包装组件的属性予以使用：本示例中为 Books。Books 将作为唯一参数传递给 connect 函数的第二个函数调用。

通常，开发者会将该函数分离出来，并将其存储在某个变量中，以便于阅读：

```
const mapStateToProps = state => ({
   books: state.bookReducer.books
})
```

该组件中有个名为 this.props.books 的新属性，来自于 bookReducer 中的 books 数组，用以连接、访问 books 数组，并将 books 映射显示在 UI 中，如代码清单 8-6（Books.js）所示。

代码清单 8-6 访问 Redux store 和 bookReducer 数据

```
import React from 'react'
import {
  Text,
  View,
    ScrollView,
  StyleSheet
} from 'react-native'

import { connect } from 'react-redux'     ← 从react-redux导入connect

class Books extends React.Component<{}> {
  render() {
    const { books } = this.props          ← 因为books数组是从connect函数
                                            （在代码清单的底部）返回的，
                                            所以可以将其作为属性进行访问

    return (
      <View style={styles.container}>
        <Text style={styles.title}>Books</Text>
        <ScrollView
          keyboardShouldPersistTaps='always'
          style={styles.booksContainer}
        >
          {
            books.map((book, index) => (      ┐
              <View style={styles.book} key={index}}>    │ 映射到数组，显示每本
                <Text style={styles.name}>{book.name}</Text>    │ 书的名称和作者
                <Text style={styles.author}>{book.author}</Text>
              </View>
            ))
          }
        </ScrollView>
      </View>
```

```
      )
    }
  }
const styles = StyleSheet.create({
  container: {
    flex: 1
  },
  booksContainer: {
    borderTopWidth: 1,
    borderTopColor: '#ddd',
    flex: 1
  },
  title: {
    paddingTop: 30,
    paddingBottom: 20,
    fontSize: 20,
    textAlign: 'center'
  },
  book: {
    padding: 20
  },
  name: {
    fontSize: 18
  },
  author: {
    fontSize: 14,
    color: '#999'
  }
})

const mapStateToProps = (state) => ({     ← 获取Redux state，并
  books: state.bookReducer.books             返回一个对象，该对
})                                           象的键包含books数组

export default connect(mapStateToProps)(Books)  ← 导出connect函数
```

以上代码首先从 react-redux 中导入 connect。在代码清单 8-5 中，编写了一个返回内联属性的函数。代码清单 8-6 按照 Redux 生态系统惯例将其分离出来并单独命名为 mapStateToProps，这个命名约定很有意义，因为该函数是将 Redux state 映射到组件属性中。该函数将 Redux state 作为参数，并返回一个对象，该对象将 bookReducer 中的 books 数组作为它的一个键。然后，将 mapStateToProps 作为 connect 函数的第一个参数，将 Books 作为 connect 函数的第二个参数，传递给 connect 函数，最后导出 connect 函数。

启动该应用程序后，用户就会看到一个图书列表，如前面的图 8-3 所示。

8.7 添加 action

在上一节内容中已经介绍了如何访问 Redux state，下面就要添加一些功能，允许用户向 books 数组的 Redux store 添加图书。为此，将使用 action。action 基本上是一些返回对象的函数，可以将数据发送到 store 并更新 reducer。更改 store 的唯一方法就是 action。每个 action 都应包含 type 属性，供 reducer 使用，示例如下。

```
function fetchBooks() {
   return {
      type: 'FETCH_BOOKS'
   }
}
function addBook(book) {
   return {
      type: 'Add_BOOK',
      book: book
   }
}
```

在使用 Redux dispatch 函数调用 action 时，将作为 reducer 的第二个参数发送给应用程序中的所有 reducer。（本章随后介绍如何附加 Redux dispatch 函数。）当 reducer 接收到 action 时就会检查 action 的 type 属性，判断该 action 是否为正在侦听的 action，以此为依据更新 reducer 返回的内容。

在本示例中，下一步需要的唯一 action 就是 addBook，用于继续向 books 数组中添加图书。下面，在 actionds.js 中创建 addBook，如代码清单 8-7 所示。

代码清单 8-7　首次创建 action

```
export const ADD_BOOK = 'ADD_BOOK'     ◄── 创建并导出一个ADD_BOOK
                                            常量，以便在reducer中重用

export function addBook (book) {   ◄──┐
   return {                            │ 创建addBook函数，该
      type: ADD_BOOK,                  │ 函数接受单个book对象
      book                             │ 并返回一个包含type和
   }                                   │ 传入book的对象
}
```

接下来，连接 bookReducer 以使用 addBook action，如代码清单 8-8 所示。

代码清单 8-8　更新 bookReducer 以使用 addBook action

```
import { ADD_BOOK } from '../actions'    ◄── 从actions文件中导入
                                             ADD_BOOK常量
const initialState = {
```

```
    books: [{ name: 'East of Eden', author: 'John Steinbeck' }]
}
                                          向bookReducer添加
                                          第二个参数：action
const bookReducer = (state = initialState, action) => {
    switch(action.type) {
                          创建switch语句，根据action
                          的type属性进行切换
        case ADD_BOOK:
            return {
                books: [
                         如果action的type属性等于ADD_BOOK，
                         则返回一个新的books数组
                    ...state.books,
                    action.book
                ]
            }
        default:
                   如果switch语句不匹配，
                   则返回当前state
            return state
    }
}

export default bookReducer
```

以上代码清单中，如果 action 的 type 属性等于 ADD_BOOK，则返回一个新的 books 数组，该数组中包含所有以前的图书项。具体做法如下：创建一个新数组，通过使用 spread 运算符（扩展运算符）将现有 books 数组的内容添加到新数组，并向该数组添加一个新项，该项是 action 的 book 属性。

在 Redux 配置部分只需完成上述操作就可以了。最后一步是进入 UI 将所有部分连接在一起。为了获取用户的图书信息，需要创建一个表单，UI 如图 8-4 所示。

图 8-4　UI 用于添加文本输入以获取图书名称和作者名称

第 8 章 使用 Redux 数据架构库

表单中有两个输入框：一个用于输入图书名称，另一个用于输入作者名称。此外，还有一个提交按钮。当用户输入时，先更新本地 state，当用户单击提交按钮时，这些值就传递给 action。

打开 books.js，导入此功能所需的其他组件以及 action 中的 addBook 函数。下面还需要创建一个 initialState 变量以用于本地组件的 state，如代码清单 8-9 所示。

代码清单 8-9　Books.js 中的其他组件导入

```
import React from 'react'
import {
  Text,
  View,
  ScrollView,
  StyleSheet,
  TextInput,           ← 导入 TextInput 和
  TouchableOpacity        TouchableOpacity
} from 'react-native'
import { addBook } from './actions'   ← 从 actions 文件中
                                        导入 addBook 函数
import { connect } from 'react-redux'

const initialState = {         ← 创建一个包含名称和作者
  name: '',                      属性的 initialState 对象
  author: ''
}
...
```

接下来，在类的主体中，需要创建 3 个内容：该组件的 state，一个在 textInput 值更改时与组件 state 保持同步的方法，以及一个在单击 submit 按钮时将 action 发送到 Redux（内含图书的名称和作者信息）的方法。位置在 render 方法之前，如代码清单 8-10 所示。

代码清单 8-10　向 Books.js 添加 state 和类方法

```
class Books extends React.Component {

  state = initialState         ← 为组件 state 提供
                                 initialState 变量的值

  updateInput = (key, value) => {   ← 创建 updateInput 方法，带有
    this.setState({                   两个参数：key 和 value。使用
      ...this.state,                  spread 运算符将当前 state 的键
      [key]: value                    值对添加到新 state，再添加
    })                                新的键值对，实现 state 更新
  }

  addBook = () => {            ← 调用 dispatchAddBook，
                                 可作为 connect 函数的属
                                 性进行访问
```

```
    this.props.dispatchAddBook(this.state)
    this.setState(initialState)
  }
```

...

以上代码中，addBook 方法调用了一个可以作为 connect 函数属性进行访问的函数：dispatchAddBook。此函数接受整个 state 作为参数，该参数是具有图书名称和作者属性的对象。在调用 dispatch action 后，通过将其重置为 initialState 值来清除组件状态。

具备以上功能，就可以创建 UI 并将这些方法与之连接起来。下面在 Books.js 中 ScrollView 的结束标记下，添加表单 UI，如代码清单 8-11 所示。

代码清单 8-11　添加表单 UI

```
class Books extends React.Component {
  ...
  render() {
    ...
    </ScrollView>
    <View style={styles.inputContainer}>
      <View style={styles.inputWrapper}>
        <TextInput                                    ← 接收updateInput方法作为onCh-
          value={this.state.name}                       angeText的属性，将'name'或
          onChangeText={value => this.updateInput('name', value)}   'author'作为第一个参数传递，
          style={styles.input}                          将TextInput的值作为第二个参
          placeholder='Book name'                       数传递
        />
        <TextInput                                    ←
          value={this.state.author}
          onChangeText={value => this.updateInput('author', value)}
          style={styles.input}
          placeholder='Author Name'
        />
      </View>
      <TouchableOpacity onPress={this.addBook}>     ← 调用addBook方法。用
        <View style={styles.addButtonContainer}>       TouchableOpacity包裹
          <Text style={styles.addButton}>+</Text>      View组件，使其能够
        </View>                                        对触摸做出响应
      </TouchableOpacity>
    </View>
    </View>
  }
}
```

第8章 使用 Redux 数据架构库

```
const styles = StyleSheet.create({
  inputContainer: {          ← 添加新样式
    padding: 10,
    backgroundColor: '#ffffff',
    borderTopColor: '#ededed',
    borderTopWidth: 1,
    flexDirection: 'row',
    height: 100
  },
  inputWrapper: {
    flex: 1
  },
  input: {
    height: 44,
    padding: 7,
    backgroundColor: '#ededed',
    borderColor: '#ddd',
    borderWidth: 1,
    borderRadius: 10,
    flex: 1,
    marginBottom: 5
  },
  addButton: {
     fontSize: 28,
     lineHeight: 28
  },
  addButtonContainer: {
    width: 80,
    height: 80,
    backgroundColor: '#ededed',
    marginLeft: 10,
    justifyContent: 'center',
    alignItems: 'center',
    borderRadius: 20
  },
  ...
}

const mapDispatchToProps = {     ← 创建mapDispatchToPops对象
  dispatchAddBook: (book) => addBook(book)
}
                                          将mapDispatchToProps作为
                                          第二个参数传递给connect
export default connect(mapStateToProps, mapDispatchToProps)(Books) ←

}
```

以上代码中，在 mapDispatchToProps 对象内，可以将要访问的函数声明为组件中的属性。创建了一个名为 dispatchAddBook 的新函数，并传入参数 book，调用 addBook action。前文曾介绍 mapStateToProps，是将 state 映射到组件。与此类似，mapDispatchToProps 是将 action（已经调度到 reducer 的）映射到组件属性。为了使 Redux reducer 能够识别该 action，必须在 mapDispatchToProps 对象中先声明该 action。最后将 mapDispatchToProps 作为第二个参数传递给 connect 函数。

现在，用户可以很轻松地在书单上添加图书了。

8.8 在 reducer 中删除 Redux store 中的项目

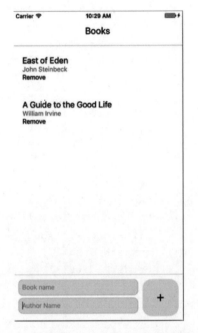

图 8-5 将 Remove 按钮添加到 Books.js UI

接下来是添加一种方法来删除读者已经阅读的图书，如图 8-5 所示。因为在前面几节中已经构建好了各个组件，这一步就不需要花费太多时间了。

要从数组中删除项目，首先需要考虑如何将该本图书识别出来。因为书单中可能会出现多本图书拥有同一作者，或多本书拥有相同的书名的复杂情况，所以使用当前属性并不能将一本图书标识出来。以下方法可以解决问题：使用诸如 uuid 之类的库来动态创建唯一标识符。首先，用以下命令将 uuid 库安装到 node_modules 中：

```
npm i uuid -save
```

接下来，将在 reducer 中为 initialState 的 books 数组中的各项实现唯一标识。在/bookReducer.js 中，更新 import 和 initialState，如代码清单 8-12 所示。

代码清单8-12　导入并使用 uuid

```
import uuidV4 from 'uuid/v4'
import { ADD_BOOK } from '../actions'
const initialState = {
  books: [{ name: 'East of Eden', author: 'John Steinbeck',
  id: uuidV4() }]
}
```

导入v4算法

向initialState添加id属性，并生成一个全新的唯一标识符

uuid 库中有若干算法可供选择。本示例中，只导入了 v4 算法，随机生成 32 位字符串。然后将一个新属性 id 添加到 initialState 的 books 数组，并通过调用 uuidV4()生成一个全新的唯一标识符。

books 数组项的成功标识为实现后续功能做好了准备。下一步是在 actions.js 中创建一个

第 8 章 使用 Redux 数据架构库

新的 action。当用户想要删除一本图书时，就调用该 action。然后，还需要更新 addBook action 为新创建的图书添加 ID，如代码清单 8-13 所示。

代码清单 8-13 创建 removeBook action

```
export const ADD_BOOK = 'ADD_BOOK'
export const REMOVE_BOOK = 'REMOVE_BOOK'      ◄── 创建一个可重用常量 REMOVE_BOOK，在 reducer 中还会用到该常量
import uuidV4 from 'uuid/v4'      ◄── 导入uuid库


export function addBook (book) {
  return {
    type: ADD_BOOK,
    book: {
      ...book,
      id: uuidV4()      ◄── 在book中添加一个新键，使用 uuidV4函数为id分配一个新创建的唯一标识符属性
    }
  }
}

export function removeBook (book) {      ◄── 创建一个新的removeBook函数，该函数返回一个对象，该对象内有type和传入的book参数
  return {
    type: REMOVE_BOOK,
    book
  }
}
```

接下来，要让 reducer 知晓上述新 action。在 reducers/bookReducer.js 中，创建一个针对 REMOVE_BOOK 的新 type 监听器，并添加功能：从存储在 Redux state 的 book 数组中删除一本书，如代码清单 8-14 所示。

代码清单 8-14 从 Redux reducer 的数组中删除一个项目

```
import uuidV4 from 'uuid/v4'
import { ADD_BOOK, REMOVE_BOOK } from '../actions'      ◄── 从actions文件夹中导入新的REMOVE_BOOK常量
const initialState = {
  books: [{ name: 'East of Eden', author: 'John Steinbeck',
    id: uuidV4() }]
}
const bookReducer = (state = initialState, action) => {
  switch(action.type) {                           向监听REMOVE_BOOK
    ...                                           的switch语句添加新case
    case REMOVE_BOOK:      ◄──
      const index = state.books.findIndex(
        book => book.id === action.book.id)      ◄── 查找欲删除图书的索引
      return {
        books: [
```

返回一个新数组，该数组包含了当前 books 数组的前半部分和后半部分，并省略要删除图书的索引

191

```
          ...state.books.slice(0, index),
          ...state.books.slice(index + 1)
        ]
      }
    ...
    }
  }

  export default bookReducer
```

最后一步，是在 Books 组件（Books.js）的 UI 中实现这个新的 removeBook 功能。具体操作如下：导入 removeBook action，为每个渲染项添加一个删除按钮，将删除按钮链接到 removeBook action，如代码清单 8-15 所示。

代码清单 8-15　添加 removeBook 功能

```
...
import { addBook, removeBook } from './actions'    ← 从actions文件中
...                                                  导入removeBook

  removeBook = (book) => {
    this.props.dispatchRemoveBook(book)    创建一个新的类方法removeBook，
  }                                        将this.props.dispatchRemoveBook作
...                                        为mapDispatchToProps中的新键进
                                           行调用
{
      books.map((book, index) => (
        <View style={styles.book} key={index}>
          <Text style={styles.name}>{book.name}</Text>
          <Text style={styles.author}>{book.author}</Text>
          <Text onPress={() => this.removeBook(book)}>
            Remove
          </Text>                                        返回一个新的Text组件，
        </View>                                          并将removeBook附加到
      ))                                                 该组件的onPress事件
    }
...

const mapDispatchToProps = {
  dispatchAddBook: (book) => addBook(book),
  dispatchRemoveBook: (book) => removeBook(book)    ← 将新的dispatchAddBook函数
}                                                     添加到mapDispatchToProps
...
```

第 8 章　使用 Redux 数据架构库

本章小结

- 使用 context 可以将属性和数据传递给 React Native 应用程序中的子项，而无须在组件树上通过属性逐层传递。
- reducer 类似于传统的数据存储，可以跟踪、返回和更新数据。
- 可以创建和使用 action 来更新 Redux store。
- 使用 connect 函数，可将 Redux state 的数据作为属性进行访问，还可以通过 action 创建与 reducer 交互的 dispatch 函数。
- 如果需要在 reducer 中更改数据，必须使用 action 才能完成。

第三部分　API 参考

　　React Native 提供了多种 API。本部分内容涉及跨平台 API 以及特定于 iOS 平台和 Android 平台的 API。

　　本部分将探讨 React Native 中的跨平台 API：可以在 iOS 或 Android 上创建告警信息的 API；判断当前应用程序处于前台、后台还是非活动状态；实现数据保存、检索和删除；将文本存储并更新到设备剪贴板；以及许多其他有用的任务。第 10 章和第 11 章将介绍 React Native 中针对特定平台 iOS 和 Android 的 API。

第 9 章
实现跨平台 API

本章内容包括：
- React Native 简介。
- 创建原生应用程序告警对话框。
- 检测当前应用程序处于前台活动状态、后台运行状态还是非活动状态。
- 将文本存储并更新到设备剪贴板。
- 使用地理定位来检索，以及使用用户设备的纬度、经度、速度和高度。
- 检测设备属性，如屏幕的高度和宽度以及连接类型。

使用 React Native 的一个主要好处就是可以轻松访问原生 API，并与 JavaScript 一起使用原生 API。本章将介绍 React Native 框架中可用的大多数跨平台 API。使用一套代码库访问这些跨平台 API，就能够在 iOS 和 Android 两个平台上实现特定功能。

在本章中，原生 API 与原生组件之间的主要区别在于原生组件通常与 UI 有关，如显示特定的 UI 元素；而 API 更多的是访问手机中的原生功能和硬件，如与设备中的数据进行交互，或访问设备中保存的数据（如地理位置、应用程序状态等）。

本章将介绍以下 9 个最常用的跨平台 API。
- Alert。
- AppState。
- AsyncStorage。
- Clipboard。
- Dimensions。
- Geolocation。
- Keyboard。
- NetInfo。
- PanResponder。

除了跨平台 API 之外，React Native 还提供针对特定平台的 API，即仅适用于 iOS 的 API 或仅适用于 Android 的 API。第 10 章将介绍仅适用于 iOS 的 API，第 11 章介绍仅适用于 Android 的 API。

注意：以下两个网址提供本章在线源代码。

www.manning.com/books/reactnative-in-action
https://github.com/dabit3/react native-in-action/tree/chapter9

9.1 使用 Alert API 创建跨平台通知

Alert 可以启动一个特定于平台的告警对话框，其中包含标题、消息和一些可选方法，当按下告警按钮时调用这些方法。调用 alert 方法（Alert.alert）就会触发 Alert，alert 方法带有 4 个参数，见表 9-1：

```
Alert.alert(title, message, buttons, options)
```

表 9-1　Alert.alert 方法的参数

参数	类型	描述
title	字符串	告警按钮的主要消息
message	字符串	告警按钮的辅助消息
buttons	数组	按钮数组，每个按钮都是一个带有两个键的对象：title(string)和 onPress(function)
options	对象	包含一个取值为布尔值的可取消的对象：(options:{cancelable:true})

9.1.1 告警用例

告警是 Web 和移动设备上常见的 UI 模式，可以让用户轻松知晓应用程序中所发生的特殊情况（如错误或成功）。例如，如果下载已经完成后出现错误，或异步进程（如登录）已经完成，都会发出告警。

9.1.2 告警示例

调用 Alert.alert()方法并传入一个或多个参数就可以触发告警。本示例将创建一个包含两个选项的告警：Cancel 和 Show Message，如图 9-1 所示。如果按下 Cancel，就会取消告警；如果按下 Show Message，就会更新状态以显示消息，如代码清单 9-1 所示。

代码清单 9-1　将告警与触摸事件绑定

```
import React, { Component } from 'react'
import { TouchableHighlight, View, Text, StyleSheet, Alert }
      from 'react-native'       ◁── 从 React Native 导入 alert
let styles = {}
```

第 9 章 实现跨平台 API

```javascript
export default class App extends Component {
  constructor () {
    super()
    this.state = {              // 将showMessage设置为
      showMessage: false        // false来实例化state
    }
    this.showAlert = this.showAlert.bind(this)
  }
  showAlert () {                // 定义showAlert方法，传入标题
    Alert.alert(                // 'Title'、消息'Message!'和两
      'Title',                  // 个按钮
      'Message!',
      [
        {
          text: 'Cancel',
          onPress: () => console.log('Dismiss called...'),
          style: 'destructive'
        },
        {
          text: 'Show Message',                              // 如果按下Show Message按钮，则
          onPress: () => this.setState({ showMessage: true }) // 更新state使showMessage为true
        }
      ]
    )
  }
  render () {
    const { showMessage } = this.state
    return (
      <View style={styles.container}>
        <TouchableHighlight onPress={this.showAlert} style={styles.button}>
            <Text>SHOW ALERT</Text>
        </TouchableHighlight>
        {
          showMessage && <Text>Showing message - success</Text>
        }                                                     // 如果showMessage不
      </View>                                                 // 为true，就隐藏消息
    )
  }
}
styles = StyleSheet.create({
  container: {
    justifyContent: 'center',
    flex: 1
  },
```

```
  button: {
    height: 70,
    justifyContent: 'center',
    alignItems: 'center',
    backgroundColor: '#ededed'
  }
})
```

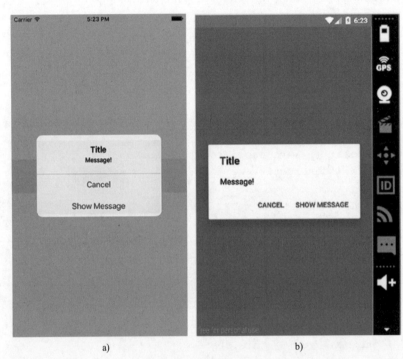

图 9-1 onPress 告警有两个选项：Cancel 和 Show Message
a) iOS b) Android

9.2 使用 AppState API 检测当前应用程序的状态

AppState 可以让用户知晓一个应用程序是处于活动状态还是处于后台运行状态。AppState 是在应用程序状态发生变化时调用的一个方法，该方法允许用户根据应用程序的状态执行相关操作或调用相关方法。

每当应用程序的状态发生改变时，就会触发 AppState，然后返回该应用程序的状态：active（活动状态）、inactive（非活动状态）或 background（后台运行状态）。为了对应用程序状态的改变做出响应，需要添加一个事件侦听器，在事件激发时调用一个方法。AppState 的响应事件是应用程序的 change 和 memorywarning。本节示例中使用的响应事件是 change，change 在现实场景中使用广泛。

9.2.1 AppState 用例

AppState 是一个很有用的 API。很多时候，当应用程序处于前台运行时，用户可能想要进行一些操作，如从 API 中获取新的数据，这就是一个 AppState 的典型用例。

另一个用例是身份验证。当某款应用程序转至前台运行时，可能需要额外添加一层安全防护，如 PIN（个人密码）或指纹。

轮询也是一个很好的 AppState 用例，比如，每隔 15s 左右需要访问一次数据库以检查新数据，但是在该款应用程序处于后台运行时希望禁用轮询。

9.2.2 使用 AppState 的示例

本示例将添加一个事件侦听器，用于侦听组件 DidMount 中的 change 事件，然后在控制台中显示当前状态，如代码清单 9-2 所示。

代码清单 9-2 使用 AppState 注销应用当前状态

```
import React, { Component } from 'react'
import { AppState, View, Text, StyleSheet } from 'react-native'   ← 从React Native 导入AtppState API
let styles = {}

class App extends Component {
  componentDidMount () {
    AppState.addEventListener('change', this.handleAppStateChange)
  }
  handleAppStateChange (currentAppState) {
    console.log('currentAppState:', currentAppState)
  }
  render () {
    return (
      <View style={styles.container}>
        <Text>Testing App State</Text>
      </View>
    )
  }
}
styles = StyleSheet.create({
  container: {
    justifyContent: 'center',
    flex: 1
  }
})
export default App
```

记录current AppState

调用 AppState.addEventListener，传入侦听（change）的事件类型和回调函数（handleAppStateChange）

运行该项目，并在 iOS 模拟器中进行测试（按<Cmd+Shift+H>组合键），或在 Android 模拟器中进行测试（按<home>键）。控制台会记录当前应用程序的状态：活动状态、非活动状态或者后台运行状态。

9.3 使用 AsyncStorage API 实现数据保存

本节介绍 AsyncStorage。这是一种很好的保存和存储数据的方法。AsyncStorage 是异步存储，意味着用户可以使用 promise 或 async await 来检索数据，AsyncStorage 使用一种键值对系统存储和检索数据。

当用户关闭了一个应用程序后，在下次运行应用程序时，程序的状态就会重置。AsyncStorage 的主要优势在于，让用户可以将数据直接保存在自己的设备上，并且随时都可以检索。

AsyncStorage 方法和参数参见表 9-2。

表 9-2　AsyncStorage 方法和参数

方法	参数	描述
setItem	key, value, callback	在 AsyncStorage 中存储一个项目
getItem	key, callback	从 AsyncStorage 中检索一个项目
removeItem	key, callback	从 AsyncStorage 中删除一个项目
mergeItem	key, value, callback	将现有值与另一个现有值合并（两个值都必须是 JSON 转换后的字符串）
clear	callback	删除 AsyncStorage 中的所有值
getAllKeys	callback	获取存储在应用中的所有键
flushGetRequests	无	刷新所有待处理的请求
multiGet	[keys], callback	使用键数组获取多个值
multiSet	[keyValuePairs],callback	一次设置多个键值对
multiRemove	[keys], callback	使用键数组删除多个值
multiMerge	[keyValuePairs],callback	将多个键值对合并到一个方法中

9.3.1　AsyncStorage 用例

AsyncStorage 常用于身份验证，长久保存用户数据以及一些用户不想因为关闭程序而丢失的信息。例如，用户登录后，开发者就可以从 API 获取用户的姓名、用户 ID、头像等信息，但是不能强制该用户在每次打开应用程序时都重新登录。因此，可以在用户第一次登录时将其信息保存到 AsyncStorage，以后每次登录就可以使用原始信息，仅在必要时进行信息更新。

AsyncStorage 另一个用例：当用户使用大型数据集或载入速度较慢的 API 时，为了避免长时间等待多次载入，可以使用 AsyncStorage。比如，检索数据集需要几秒钟时间，可以使用 AsyncStorage 将数据缓存下来，以后用户只要打开应用就无须再等待这几秒钟，使用 AsyncStorage 可以在后台进程中刷新数据，这样用户就不必再花时间等待数据交换和 UI 交互了。

9.3.2 使用 AsyncStorage 的示例

本示例将获取用户对象，将其存储到 componentDidMount 的 AsyncStorage 中，然后使用按钮从 AsyncStorage 中提取数据，使用该数据填充 state，并将其渲染给视图，如代码清单 9-3 所示。

代码清单 9-3 使用 AsyncStorage 保存和检索数据

```
import React, { Component } from 'react'
import { TouchableHighlight, AsyncStorage, View,        ← 从React Native导入
        Text, StyleSheet } from 'react-native'            AsyncStorage
let styles = {}

const person = {           ← 创建person对象以存储信息
  name: 'James Garfield',
  age: 50,
  occupation: 'President of the United States'
}
const key = 'president'    ← 创建key，用于添加和删除AsyncStorage中的数据

export default class App extends Component {
  constructor () {
   super()
   this.state = {
     person: {}            ← 在state中创建person对象
   }
   this.getPerson= this.getPerson.bind(this)
  }
  componentDidMount () {
    AsyncStorage.setItem(key, JSON.stringify(person))    ← 调用AsyncStorage.setItem，传入key
     .then(() => console.log('item stored...'))             和person。调用JSON.stringify。因
     .catch((err) => console.log('err: ', err))             为存储在AsyncStorage中的值必须
                                                            是字符串，所以JSON.stringify可以
  }                                                         将对象和数组转换为字符串
  getPerson () {                                         ← 调用AsyncStorage.getItem，
    AsyncStorage.getItem(key)                              传入先前创建的key，会得
     .then((res) => this.setState({ person: JSON.parse(res) }))  到一个回调函数，其中包含
     .catch((err) => console.log('err: ', err))            从AsyncStorage检索的数据
  }
  render () {                                            ← 调用JSON.parse，
    const { person } = this.state                          将返回的数据转换
    return (                                               给JavaScript对象，
      <View style={styles.container}>                      然后填充state
        <Text style={{textAlign: 'center'}}>Testing AsyncStorage</Text>
```

创建 getPerson 方法

```
                <TouchableHighlight onPress={this.getPerson}
                                    style={styles.button}>    ← 将getPerson连接到视图中
                    <Text>Get President</Text>                  的TouchableHighlight。单
                </TouchableHighlight>                           击TouchableHighlight时，
                <Text>{person.name}</Text>                      AsyncStorage中的数据将
                <Text>{person.age}</Text>                       渲染给视图
                <Text>{person.occupation}</Text>
            </View>
        )
    }
}

styles = StyleSheet.create({
    container: {
        justifyContent: 'center',
        flex: 1,
        margin: 20
    },
    button: {
        justifyContent: 'center',
        marginTop: 20,
        marginBottom: 20,
        alignItems: 'center',
        height: 55,
        backgroundColor: '#dddddd'
    }
})
```

以上示例中，使用 promise 来设置和返回 AsyncStorage 中的值。下面，介绍另一种方法：async await，如代码清单 9-4 所示。

代码清单 9-4　使用 async await 异步获取数据

```
async componentDidMount () {
    try {
        await AsyncStorage.setItem(key, JSON.stringify(person))
        console.log('item stored')
    } catch (err) {
        console.log('err:', err)
    }
}
async getPerson () {
    try {
        var data = await AsyncStorage.getItem(key)
```

```
        var person = await data
        this.setState({ person: JSON.parse(person) })
    } catch (err) {
        console.log('err: ', err)
    }
}
```

async await 首先要求在函数名称前添加 async 关键字，将函数标记为异步函数。然后，使用 await 关键字等待函数的返回值，代码就暂停到这里，不再向下执行，等后面 promise 对象执行完毕，再继续向下执行。异步函数，意味着该函数的执行不会阻塞后面代码的执行。

9.4 使用 Clipboard API 将文本复制到剪贴板

Clipboard 可以在 iOS 和 Android 上保存和检索剪贴板中的内容。Clipboard 有以下两种方法：getString()和 setString()，见表 9-3。

表 9-3 Clipboard 方法

方法	参数	描述
getString	无	获取剪贴板的内容
setString	内容	设置剪贴板的内容

9.4.1 Clipboard 用例

Clipboard 最常见的用例是用户需要复制一串文本。用户可以使用 Clipboard 将其复制到剪贴板，然后将其粘贴到想要使用信息的任何位置。

9.4.2 使用 Clipboard 的示例

本节示例将在 componentDidMount 中设置一个初始剪贴板值"Hello World"，然后使用一个方法将其附加到 TextInput，以更新剪贴板。再添加一个按钮，将当前 ClipboardValue 推送到一个数组中并将其渲染给 View，如代码清单 9-5 所示。

代码清单 9-5 保存和替换剪贴板内容

```
import React, { Component } from 'react'
import { TextInput, Clipboard, TouchableHighlight, View,
         Text, StyleSheet } from 'react-native'    ← 从React Native
                                                      导入Clipboard
let styles = {}

export default class App extends Component {
    constructor() {
        super()
```

```
        this.state = {                    在状态中设置一个名为clipboard-
          clipboardData: []               Data的空数组
        }
        this.pushClipboardToArray = this.pushClipboardToArray.bind(this)
      }
      componentDidMount () {              设置Clipboard的值为
        Clipboard.setString('Hello World! ');  "Hello World!"
      }
      updateClipboard (string) {          添加updateClipboard方法，
        Clipboard.setString(string);      该方法可设置Clipboard的值
      }
将Clipboard值
存储在一个名  async pushClipboardToArray () {   使用代码清单9-4中的async
为content的变    const { clipboardData } = this.state   await语法添加一个异步方法
量中            var content = await Clipboard.getString();   pushClipboardToArray

        clipboardData.push(content)       推送到clipboardData数组
        this.setState({clipboardData})
      }                                   重置数组的状态state
      render () {
        const { clipboardData } = this.state
        return (
          <View style={styles.container}>
            <Text style={{textAlign: 'center'}}>Testing Clipboard</Text>
            <TextInput style={styles.input}
                  onChangeText={
将updateClipboard方      (text) => this.updateClipboard(text)
法附加到TextInput    } />
            <TouchableHighlight onPress={this.pushClipboardToArray}
                          style={styles.button}>   当单击Touchable-
              <Text>Click to Add to Array</Text>   Highlight时调用
            </TouchableHighlight>                  pushClipboardToArray
            {                                      方法
              clipboardData.map((d, i) => {
                return <Text key={i}>{d}</Text>
              })
            }                             映射clipboardData数组中的
          </View>                         项目并将之渲染到屏幕上
        )
      }
    }
  styles = StyleSheet.create({
    container: {
      justifyContent: 'center',
      flex: 1,
      margin: 20
    },
    input: {
```

```
        padding: 10,
        marginTop: 15,
        height: 60,
        backgroundColor: '#dddddd'
    },
    button: {
        backgroundColor: '#dddddd',
        justifyContent: 'center',
        alignItems: 'center',
        height: 60,
        marginTop: 15,
    }
})
```

9.5 使用 Dimensions API 获取用户的屏幕信息

Dimensions API 可以获取设备屏幕的高度和宽度，可以用这个数值来对布局进行一些适配的设置。

9.5.1 Dimensions API 用例

为了创建完美的 UI，通常需要知道用户设备的确切尺寸。在创建全局的主题时，使用宽度和高度设置全局变量（如字体大小）是在应用程序中提供一致样式的好方法，这样做无须考虑设备的尺寸。另一种为用户创造一致性体验的简单方法，就是利用设备的宽度来制作一致的网格元素。总之，要获得设备屏幕的高度和宽度，就可以使用 Dimensions API。

9.5.2 使用 Dimensions API 的示例

要使用 Dimensions，首先需要从 React Native 中导入 Dimensions API，然后调用 get() 方法，将 window 或 screen 作为参数传入到 get() 方法中，就可以返回宽度、高度的值，或同时返回两者的值，如代码清单 9-6 所示。

代码清单 9-6 使用 Dimensions 获取设备的宽度和高度

```
import React, { Component } from 'react'
import { View, Text, Dimensions, StyleSheet } from 'react-native'
let styles = {}

const { width, height } = Dimensions.get('window')
const windowWidth = Dimensions.get('window').width

const App = () => (
    <View style={styles.container}>
        <Text>{width}</Text>
        <Text>{height}</Text>和
```

从React Native中导入Dimensions

解构width和height

直接访问width对象属性

在View中，渲染存储在变量中的尺寸，该尺寸从Dimensions.get方法中检索得到

```
      <Text>{windowWidth}</Text>
    </View>
)
styles = StyleSheet.create({
  container: {
    flex: 1,
    justifyContent: 'center',
    alignItems: 'center'
  }
})
```

获取屏幕尺寸的一种方法就是对调用 Dimensions.get 返回的内容进行解构，在本示例中，是指 width 和 height 属性。此外，还可以获取窗口的比例。另外，还有一种获取屏幕尺寸的方法，就是直接调用 Dimensions.get.width。

9.6 使用 Geolocation API 获取用户当前的位置信息

在 React Native 中实现地理定位所使用的 API 与浏览器中实现地理定位所使用的 API 相同，在应用程序的任何位置都可以使用全局变量 navigator.geologion，因为该变量是全局可用，所以不需要导入任何模块就可以使用这个变量。

9.6.1 Geolocation API 用例

如果应用程序需要得到用户的纬度和经度，就需要使用地理定位。react native maps 是由 Airbnb 创建并开源的地图组件，是地理定位的很好用例。很多情况下想要将地图加载到用户的当前位置，要做到这一点，就必须首先传递正确的坐标。使用地理定位可以获取用户当前位置的坐标。

9.6.2 使用 Geolocation API 的示例

如果开发是基于 Android 平台，在使用 Geolocation 前，必须在 Android 应用程序中启用权限（iOS 系统默认启用权限），Geolocation 方法见表 9-4。

```
<uses-permission android:name="android.permission.ACCESS_FINE_LOCATION" />
```

表 9-4 Geolocation 方法

方法	参数	描述
getCurrentPosition	successcallback, errcallback, optionsobject{enableHighAccuracy: Boolean, timeout: number, maximumAge: number}	获取当前位置。Success 返回一个对象，该对象带有属性 coords 和 timestamp
watchPosition	successcallback, errcallback, optionsobject{enableHighAccuracy: Boolean, timeout: number, maximumAge: number}	启用监听器，获取当前位置，并在设备位置更改时自动调用
clearWatch	watchId	取消监听。创建时要将 watchPosition 方法存储在变量中，以便能够访问 watchID
stopObserving	无	取消所有的地理定位监听

第 9 章　实现跨平台 API

getCurrentPosition 和 watchPosition 都是返回一个坐标对象，包含当前用户的位置信息如图 9-2 所示，如纬度和经度，以及速度和高度等其他数据点。

```
▼ coords: Object
    accuracy: 5
    altitude: 0
    altitudeAccuracy: -1
    heading: -1
    latitude: 37.785834
    longitude: -122.406417
    speed: -1
  ▶ __proto__: Object
  timestamp: 1478031770993.89
```

图 9-2　Geolocation 返回的坐标对象

要查看到以上地理位置信息，还需要 getCurrentPosition 和 watchPosition，并使用一个按钮来调用 clearWatch，以清除 watchPosition 的位置监听功能。

当物理坐标改变时，启用监听作用的 watchPosition 就会改变。例如，用户手持设备四处走动，就会看到坐标更新。调用 navigator.geolocation.clearWatch（id），传入欲取消监听的 ID，就可以随时取消该监听功能。然后可以显示原始坐标以及更新的坐标（纬度和经度）。具体实现如代码清单 9-7 所示。

代码清单 9-7　使用 Geolocation API 获取用户的坐标

```jsx
import React, { Component } from 'react'
import { TouchableHighlight, View, Text, StyleSheet } from 'react-native'
let styles = {}

export default class App extends Component {
  constructor () {
    super()
    this.state = {                      // 创建初始状态state，其中originalCoords
      originalCoords: {},               // 和updatedCoords设置为空对象，id设置
      updatedCoords: {},                // 为空字符串
      id: ''
    }
    this.clearWatch = this.clearWatch.bind(this)
  }
  componentDidMount () {
    navigator.geolocation.getCurrentPosition(   // 在navigator.geolocation上调
      (success) => {                            // 用getCurrentPosition
        this.setState({originalCoords: success.coords})  // 将originalCoords
      },                                                 // 的状态设置为
      (err) => console.log('err:', err)                  // success.coord
```

207

```jsx
          )
          let id = navigator.geolocation.watchPosition(          // 调用watchPosition，并
            (success) => {                                        // 将函数的结果存储在变
使用id重        this.setState({                                   // 量id中，以后将使用该
置状态            id,                                             // 变量取消监听
              updatedCoords: success.coords
            })
          },
          (err) => console.log('err:', err)
        )
      }
      clearWatch () {          // 创建clearWatch方法以取消监听
        navigator.geolocation.clearWatch(this.state.id)
      }
      render () {
        const { originalCoords, updatedCoords } = this.state
        return (
          <View style={styles.container}>
            <Text>Original Coordinates</Text>
            <Text>Latitude: {originalCoords.latitude}</Text>      // 显示原始坐
            <Text>Longitude: {originalCoords.longitude}</Text>    // 标和更新坐
            <Text>Updated Coordinates</Text>                      // 标的纬度和
            <Text>Latitude: {updatedCoords.latitude}</Text>       // 经度
            <Text>Longitude: {updatedCoords.longitude}</Text>
            <TouchableHighlight
                onPress={this.clearWatch}
                style={styles.button}>
              <Text>Clear Watch</Text>
            </TouchableHighlight>
          </View>
        )
      }
    }
    styles = StyleSheet.create({
      container: {
        flex: 1,
        justifyContent: 'center',
        padding: 20,
      },
      button: {
        height: 60,
        marginTop: 15,
```

```
    backgroundColor: '#ededed',
    justifyContent: 'center',
        alignItems: 'center'
    }
})
```

9.7 使用 Keyboard API 控制本机键盘的位置和功能

Keyboard API 可以访问本机键盘，可以监听键盘事件（以及调用基于这些事件的方法），也可以让操作系统收起软键盘。Keyboard 方法见表 9-5。

表 9-5 Keyboard 方法

方法	参数	描述
addListener	event, callback	加载本机键盘事件监听器的方法：keyboardWillShow keyboardDidShow keyboardWillHide keyboardDidHide keyboardWillChangeFrame keyboardDidChangeFrame
removeAllListeners	eventType	删除指定键盘事件的所有监听器
dismiss	无	让操作系统收起软键盘

9.7.1 Keyboard API 用例

尽管在多数情况下，开发者希望采用键盘和文本输入的默认模式，但也有些例外情况。比如，要使用其他类型的组件模拟文本输入，希望软键盘不要出现。这时，可以导入 Keyboard，对键盘的显示和隐藏进行手动精准控制。

有时，在文本输入处于焦点时也需要手动关闭软键盘。例如，如果 PIN 密码输入接受 4 位数字，并自动检查最新输入的一位是否正确，这时需要一个 UI，能够提取并检查最新输入的一个值。Keyboard API 可以实现上述需求。

9.7.2 使用 Keyboard API 的示例

以下示例将设置文本输入，并为所有可用事件提供侦听器。触发事件时，就会将该事件记录到控制台。两个按钮分别用于关闭软键盘和删除 componentWillMount 中设置的所有事件侦听器，如代码清单 9-8 所示。

代码清单 9-8 使用 Keyboard API

```
import React, { Component } from 'react'
import { TouchableHighlight, Keyboard, TextInput, View,
    Text, StyleSheet } from 'react-native'
```
← 从 React Native 导入 Keyboard API

```js
let styles = {}

export default class App extends Component {
  componentWillMount () {                          // 为所有可用键盘事件
    this.keyboardWillShowListener =                //   设置事件监听器，然
        Keyboard.addListener('keyboardWillShow',   //   后调用logEvent方法
                    () => this.logEvent('keyboardWillShow'))  // 注销该事件名称。
    this.keyboardDidShowListener =
        Keyboard.addListener('keyboardDidShow',
                    () => this.logEvent('keyboardDidShow'))
    this.keyboardWillHideListener =
        Keyboard.addListener('keyboardWillHide',
                    () => this.logEvent('keyboardWillHide'))
    this.keyboardDidHideListener =
        Keyboard.addListener('keyboardDidHide',
                    () => this.logEvent('keyboardDidHide'))
    this.keyboardWillChangeFrameListener =
        Keyboard.addListener('keyboardWillChangeFrame',
                () => this.logEvent('keyboardWillChangeFrame'))
    this.keyboardDidChangeFrameListener =
        Keyboard.addListener('keyboardDidChangeFrame',
                () => this.logEvent('keyboardDidChangeFrame'))
  }
  logEvent(event) {                           // 获取事件名称，并注
    console.log('event: ', event)             // 销事件名称
  }
  dismissKeyboard () {                        // 收起软键盘
    Keyboard.dismiss()
  }
  removeListeners () {
    Keyboard.removeAllListeners('keyboardWillShow')
    Keyboard.removeAllListeners('keyboardDidShow')       // 调用Keyboard.
    Keyboard.removeAllListeners('keyboardWillHide')      // removeAllListeners，
    Keyboard.removeAllListeners('keyboardDidHide')       // 并传入component
    Keyboard.removeAllListeners('keyboardWillChangeFrame') // WillMount声明的
    Keyboard.removeAllListeners('keyboardDidChangeFrame')  // 每个侦听器
  }
  render () {
    return (
      <View style={styles.container}>
        <TextInput style={styles.input} />
        <TouchableHighlight
            onPress={this.dismissKeyboard}         // 将dismissKeyboard
            style={styles.button}>                 // 方法连接到UI中
          <Text>Dismiss Keyboard</Text>            // 的一个按钮
        </TouchableHighlight>
```

```
        <TouchableHighlight
          onPress={this.removeListeners}       将removeListeners
          style={styles.button}>                方法连接到UI中
          <Text>Remove Listeners</Text>         的另一个按钮
        </TouchableHighlight>
      </View>
    )
  }
}
styles = StyleSheet.create({
    container: {
        flex: 1,
        marginTop: 150,
    },
    input: {
        margin: 10,
        backgroundColor: '#ededed',
        height: 50,
        padding: 10
    },
    button: {
        height: 50,
        backgroundColor: '#dddddd',
        margin: 10,
        justifyContent: 'center',
        alignItems: 'center'
    }
})
```

9.8 使用 NetInfo 获取用户的当前联网状态（在线/离线）

NetInfo API 可以获取用户的当前联网状态：在线/离线。在 Android 上使用 NetInfo API，必须先在 AndroidManifest.xml 文件中添加如下权限字段，申请相关权限：

```
<uses-permission android:name="android.permission.ACCESS_NETWORK_STATE"/>
```

NetInfo API 获取的网络状态类型，在不同平台上得到的状态值可能是不一样的，见表 9-6。NetInfo 提供的属性和方法见表 9-7。

表 9-6　跨平台网络状态类型和 **Android** 特定类型

跨平台（iOS 和 Android）	Android
none – 离线状态	bluetooth – 蓝牙数据连接
wifi – 无线网络	ethernet – 以太网数据连接
cellular – 蜂窝数据流量联网	wimax – Wimax 数据连接
unknown – 网络状态未知	

表 9-7 NetInfo 方法

方法	参数	描述
isConnectionExpensive	无	返回一个 promise，该 promise 返回一个布尔值，指定该连接是否计费
isConnected	无	返回一个 promise，该 promise 返回一个布尔值，指定设备是否联网
addEventListener	eventName, callback	为指定事件添加事件侦听器
removeEventListener	eventName, callback	为指定事件撤销事件侦听器
getConnectionInfo	无	返回一个 promise，该 promise 将返回一个带有 type 和 effectiveType 属性的对象

9.8.1 NetInfo 用例

NetInfo 通常用于防止其他 API 调用的发生，或提供一个脱机 UI，该 UI 能够提供在线应用程序的部分功能。例如，假设用户设置了一个项目（如获取信息的按钮），单击该项目就会显示一个新视图，视图中包含有关该项目的获取信息。用户需要的是显示该应用程序处于离线状态的某些提示，而不是在设备离线时还导航该项目的详细信息。NetInfo 可以提供此类设备信息，与用户进行有效交互。

另一个用例是根据连接类型设置不同的 API 配置。例如，在 Wi-Fi 上，用户可能希望获得更多请求和发送的数量：如果用户是在蜂窝网络上，可能一次只能获取 10 个项目；但在 Wi-Fi 上，则会将其增加到 20 个。通过 NetInfo，可以确定用户具有哪种类型的连接（如果有）。

9.8.2 使用 NetInfo 的示例

用户设置 Netinfo.getConnectinfo 方法来获取初始连接信息，然后，再设置一个侦听器，以便在当前的 NetInfo 发生更改时将其注销，如代码清单 9-9 所示。

代码清单 9-9　使用 NetInfo 获取和显示用户连接类型

```
import React, { Component } from 'react'
import { NetInfo, View, Text, StyleSheet } from 'react-native'    ← 从React Native导入NetInfo

class App extends Component {
  constructor () {
    super()
    this.state = {
      connectionInfo: {}          ← 将connectIonInfo的初始状态设置为空对象
    }
    this.handleConnectivityChange =
        this.handleConnectivityChange.bind(this)
  }
  componentDidMount () {
    NetInfo.getConnectionInfo().then((connectionInfo) => {        ← 获取初始连接类型，并设置状态
      console.log('type: ' + connectionInfo.type +
                  ',effectiveType:'+connectionInfo.effectiveType)
      this.setState({connectionInfo})
```

```
    })
    NetInfo.addEventListener('connectionChange',
        this.handleConnectivityChange)    ◀── 创建事件侦听器，以便在
}                                              连接更改时调用handle-
handleConnectivityChange (connectionInfo) {    ConnectivityChange
    console.log('new connection:', connectionInfo)
    this.setState({connectionInfo})   ◀── 使用新的连接信息更
}                                          新状态
render () {
    return (
        <View style={styles.container}>
            <Text>{this.state.connectionInfo.type}</Text>  ◀──
        </View>                                      将连接信息渲染到视图
    )
}
}
const styles = StyleSheet.create({
    container: {
        flex: 1,
        justifyContent: 'center',
        alignItems: 'center'
    }
})
```

9.9 使用 PanResponder 获取触摸和手势事件信息

PanResponder API 提供了一种使用触摸事件数据的方法，并可以根据单个和多个触摸事件（如滑动、单击、捏合、滚动等）精准地响应和操作应用程序的状态。

9.9.1 PanResponder API 用例

PanResponder 用于识别用户设备上发生的即时触摸动作，用例非常广泛，常用于以下操作。
- 创建一叠可滑动的卡片，当一个项目从视图中滑出时，就将其从堆栈中移除（比如，交友应用程序 Tinder）。
- 创建可动画的叠加层，用户可以通过单击按钮关闭动画，或通过向下滑动将其移出视图。
- 通过长按某一项目并将其移动到所需位置，用户能够重新排列项目的位置。

在 PanResponder 的众多用例中，最常用的就是以上第 3 项：通过长按/滑动某一项目来移动其位置。

下面介绍 onPanResponderMove（event，gestureState）基本手势事件，用于提供有关触摸事件当前位置的数据，包括当前位置、当前位置和原始位置之间的累积差异等：

```
onPanResponderMove(evt, gestureState) {
    console.log(evt.nativeEvent)
    console.log(gestureState)
}
```

要使用此 API，首先在 componentWillMount 方法中创建 PanResponder 的实例。在本示例中，可以设置 PanResponder 的所有配置和回调方法，通过使用这些方法来操作 state 和 View。

下面来看 create 方法，它是 PanResponder 唯一可用的方法，该方法为 PanResponder 的实例创建配置。表 9-8 显示了 create 方法可用的配置选项。

表 9-8　PanResponder create 方法的配置参数

配置属性	描述
onStartShouldSetPanResponder	确定是否启用 PanResponder。在元素被触摸后调用
onMoveShouldSetPanResponder	确定是否启用 PanResponder。初始触摸首次移动后调用
onPanResponderReject	如果 PanResponder 没有注册，则调用该方法
onPanResponderGrant	如果 PanResponder 注册，则调用该方法
onPanResponderStart	在 PanResponder 注册后调用
onPanResponderEnd	在 PanResponder 完成后调用
onPanResponderMove	在 PanResponder 移动时调用
onPanResponderTerminationRequest	当其他组件想要成为响应者时调用
onPanResponderRelease	触摸被释放时调用
onPanResponderTerminate	响应者已被替代

以上每个配置选项都包含 Native Event 和 Gesture State。表 9-9 描述了 evt.nativeEvent 和 gestureState 的所有可用属性。

表 9-9　evt and gestureState 属性

evt.nativeEvent 属性	描述
changedTouches	自从上次事件以来已更改的所有触摸事件数组
identifier	触摸的 ID
locationX	触摸点相对于该元素的 X 位置
locationY	触摸点相对于该元素的 Y 位置
pageX	触摸点相对于根元素的 X 位置
pageY	触摸点相对于根元素的 Y 位置
target	接收触摸事件元素的节点 ID
timestamp	当前触摸的时间标识符，可用于速度计算
touches	多点触摸时，包含屏幕上所有当前触摸的数组
gestureState 属性	描述
stateID	gestureState 的 ID，只要屏幕上有一个触摸，就会持续
moveX	最近移动的触摸的最新屏幕坐标
moveY	最近移动的触摸的最新屏幕坐标
x0	响应者的屏幕坐标
y0	响应者的屏幕坐标
dx	触摸开始后，手势的累计距离
dy	触摸开始后，手势的累计距离
vx	手势的当前速度
vy	手势的当前速度
numberActiveTouches	当前屏幕上的触摸数

9.9.2 使用 PanResponder 的示例

本示例将创建一个可拖动的正方形,并在视图中显示其 x 和 y 坐标,如代码清单 9-10 所示。效果如图 9-3 所示。

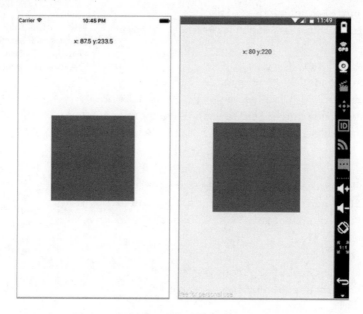

图 9-3 使用 PanResponder 拖动一个正方形

代码清单 9-10 使用 PanResponder 创建一个可拖动元素

```
import React, { Component } from 'react'
import { Dimensions, TouchableHighlight, PanResponder, TextInput,
         View, Text, StyleSheet } from 'react-native'      ← 导入Dimensions、
                                                              PanResponder以
const { width, height } = Dimensions.get('window')  ←         及此组件所需的
let styles = {}                                               其他内容
                                                    在变量中存储窗口宽度和
                                                    高度以供后续使用
class App extends Component {
  constructor () {
    super()
    this.state = {
      oPosition: {       ←    创建oPosition对象,用于存储正方
        x: (width / 2) - 100,  形中心的原始位置坐标,并将其
        y: (height / 2) - 100, 存储到状态中
      },
      position: {        ←    创建position对象,用于存储正方
        x: (width / 2) - 100,  形中心的实际位置坐标,并将其
        y: (height / 2) - 100, 存储到状态中
```

```
      },
    }
    this._handlePanResponderMove = this._handlePanResponderMove.bind(this);
    this._handlePanResponderRelease =
        this._handlePanResponderRelease.bind(this)
}
componentWillMount () {
    this._panResponder = PanResponder.create({
        onStartShouldSetPanResponder: () => true,
        onPanResponderMove: this._handlePanResponderMove,
        onPanResponderRelease: this._handlePanResponderRelease
    })
}
_handlePanResponderMove (evt, gestureState) {
    let ydiff = gestureState.y0 - gestureState.moveY
    let xdiff = gestureState.x0 - gestureState.moveX
    this.setState({
        position: {
            y: this.state.oPosition.y - ydiff,
            x: this.state.oPosition.x - xdiff
        }
    })
}
_handlePanResponderRelease () {
    this.setState({
        oPosition: this.state.position
    })
}
render () {
    return (
        <View style={styles.container}>
            <Text style={styles.positionDisplay}>
                x: {this.state.position.x} y:{this.state.position.y}
            </Text>
            <View
                {...this._panResponder.panHandlers}
                style={[styles.box,
                    { marginLeft: this.state.position.x,
                      marginTop: this.state.position.y } ]}
            />
        </View>
    )
}
```

注释：
- 创建一个新的PanResponder，为onStartShouldSetPanResponder返回true，并设置onPanResponderMove方法和onPanResponderRelease方法
- 通过计算平移开始位置与移动后当前位置之间的移动总量差异，找到x和y的总移动量。使用这些值更新状态位置
- 使用视图中已更新的位置设置oPosition的状态
- 显示视图中的当前位置值
- 通过传入{...this._panResponder.panHandlers}作为属性将PanResponder附加到视图
- 将位置x和y值附加到视图以更新边距，使该项目可拖动

第 9 章　实现跨平台 API

```
styles = StyleSheet.create({
  container: {
    flex: 1,
  },
  positionDisplay: {
    textAlign: 'center',
    marginTop: 50,
    zIndex: 1,
    position: 'absolute',
    width
  },
      position: 'absolute',
      width: 200,
      height: 200,
      backgroundColor: 'red'
    }
})
```

本章小结

- Alert 能够提示用户注意应用程序中的重要信息或事件。
- AppState 能够显示当前应用程序是否正在使用，方便用户在应用程序中使用此信息进行其他操作。
- Clipboard 将信息复制到用户设备的剪贴板，方便以后使用。
- Dimensions 能够提供用户设备的有用信息，其中最重要的信息是屏幕的宽度和高度。
- Geolocation 提供用户设备的位置等信息，并在用户移动位置时检查其位置数据。
- NetInfo 提供用户当前的联网状态，包括联网类型以及是否在线。
- PanResponder 提供用户设备上发生的当前触摸位置，使用此信息可以增强 UX 和 UI。

第 10 章
实现特定于 iOS 的组件和 API

本章内容包括：
- 针对特定平台代码的有效策略。
- 使用选择器组件 DatePickerIOS 和 PickerIOS。
- 使用 ProgressViewIOS 显示加载进度。
- 使用 SegmentedControlIOS 和 TabBarIOS 切换视图。
- 使用 ActionSheetIOS 调用和选择操作表中的项目。

作为终极目标之一，React Native 框架追求尽量减少使用特定于某平台的逻辑和代码。大多数 API 都可以构建，因此特定于平台的代码被框架抽象出来，从而为用户提供了一种与它们交互并轻松创建跨平台功能的方法。

然而，还是有一些特定于平台的 API，无法通过跨平台的方法完全抽象掉。因此，有时，用户不得不使用一些特定于平台的 API 和组件。

本章介绍特定于 iOS 的 API 和组件，讨论它们的属性和方法，并创建模拟功能和逻辑的示例，以帮助读者快速掌握。

10.1 特定平台代码

特定平台代码是以某一种方式编写组件和文件，该方式取决于所在平台渲染的 iOS 或 Android 特定代码。有一些技术可以实现基于应用程序运行平台来显示组件，这里介绍这些技术中最有用的两种：使用正确的文件扩展名和使用 Platform API。

10.1.1 iOS 和 Android 文件扩展名

针对特定平台代码的第一种技术方法是使用正确的文件扩展名来命名文件。例如，DatePicker 组件在 iOS 和 Android 之间有很大区别。如果希望在 DatePicker 组件周围使用特

第 10 章 实现特定于 iOS 的组件和 API

定样式,那么在主组件中编写所有代码就会导致组件变得冗长且难以维护。采用第一种方法,创建两个文件:DatePicker.ios.js 和 DatePicker.android.js,并将两者导入到主组件中。当运行该项目时,React Native 将自动选择正确的文件,并根据用户使用的平台进行渲染。详见代码清单 10-1~10-3 中的基本示例(请注意,此示例会引发错误,因为 DatePicker 需要属性和方法才能正常工作)。

代码清单 10-1 iOS 特定平台代码

```
import React from 'react'
import { View, Text, DatePickerIOS } from 'react-native'
export default () => (
   <View>
       <Text>This is an iOS specific component</Text>
       <DatePickerIOS />
   </View>
)
```

代码清单 10-2 Android 特定平台代码

```
import React from 'react'
import { View, Text, DatePickerAndroid } from 'react-native'
export default () => (
   <View>
       <Text>This is an Android specific component</Text>
       <DatePickerAndroid />
   </View>
)
```

代码清单 10-3 渲染跨平台组件

```
import React from 'react'
import DatePicker from './DatePicker'
const MainComponent = () => (
   <View>
      ...
      <DatePicker />
         ...
   </View>
)
```

以上代码导入了日期选择器(DatePicker)而并未提供特定的文件扩展名。React Native 会根据平台选择合适的组件进行导入。由此,用户可以在应用程序中使用该项目而不必顾虑是在何种平台上运行。

10.1.2 使用 Platform API 检测平台

针对特定平台代码的第二种技术方法是使用 Platform API。Platform 有两个属性,其中第一个属性是 OS 键,用于判断具体平台类型是 IOS 还是 Android,如代码清单 10-4 所示。

代码清单 10-4 使用 Platform.OS 属性检测平台（Platform）模块

```
import React from 'react'
import { View, Text, Platform } from 'react-native'
const PlatformExample = () => (
   <Text style={{ marginTop: 100, color: Platform.OS === 'ios' ? 'blue' : 'green'}}>
       Hello { Platform.OS }
   </Text>
)
```

以上代码在检查 Platform.OS 的值是否等于字符串'ios'。如果是,则返回颜色'blue';如果不是,则返回颜色'green'。

Platform 的第二个属性是 select 方法,该方法接收一个包含 Platform.OS 字符串作为键（ios 或 android）的对象,并返回正在运行的平台的值,如代码清单 10-5 所示。

代码清单 10-5 使用 Platform.select 基于 Platform 渲染组件

```
import React from 'react'
import { View, Text, Platform } from 'react-native'
const ComponentIOS = () => (
   <Text>Hello from IOS</Text>
)
const ComponentAndroid = () => (
   <Text>Hello from Android</Text>
)
const Component = Platform.select({
   ios: () => ComponentIOS,
   android: () => ComponentAndroid,
})();
const PlatformExample = () => (
   <View style={{ marginTop: 100 }}>
       <Text>Hello from my App</Text>
       <Component />
   </View>
)
```

此外,还可以使用 ES2015 Spread 语法返回对象,并使用这些对象来应用样式。读者可能还记得在第 4 章的几个示例中曾使用过 Platform.select 函数,如代码清单 10-6 所示。

第 10 章 实现特定于 iOS 的组件和 API

代码清单 10-6 使用 Platform.select 基于 Platform 应用样式

```
import React from 'react'
import { View, Text, Platform } from 'react-native'
let styles = {}
const PlatformExample = () => (
   <View style={styles.container}>
      <Text>
         Hello { Platform.OS }
      </Text>
   </View>
)
styles = {
   container: {
      marginTop: 100,
      ... Platform.select({
         ios: {
            backgroundColor: 'red'
         }
      })
   }
}
```

10.2 DatePickerIOS

使用 DatePickerIOS 组件，可以在 iOS 上轻松选择本机日期和时间，有以下 3 种模式供选择：date、time、dateTime，如图 10-1 所示。

图 10-1 DatePickerIOS 的 3 种模式：date、time、datetime

DatePickerIOS 的属性见表 10-1，其中 date 和 onDateChange 是必填属性。当日期值被更改时，都将调用 onDateChange 方法，同时将新的 date 值传送给函数。

表 10-1　DatePickerIOS 的属性与方法

属性	类型	描述
date	日期	当前选择的日期
maximumDate	日期	可选的最大日期
minimumDate	日期	可选的最小日期
minuteInterval	枚举	可选的最小的分钟间隔
mode	字符串：date、time、或 datetime	日期选择器模式
onDateChange	函数：onDateChange(date){ }	当用户修改日期时调用此函数
timeZoneOffsetInMinutes	数值	时区偏差（以分钟为单位），默认情况下会选择设备的默认时区

10.2.1　DatePickerIOS 用例

以下示例将设置 DatePickerIOS 组件并在视图中显示时间，如代码清单 10-7 所示。此示例中没有传入 mode 属性，因为 mode 默认为 datetime，效果如图 10-2 所示。

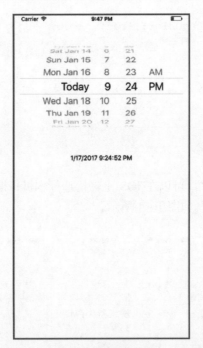

图 10-2　DatePickerIOS 渲染的日期时间选择器

代码清单 10-7　使用 DatePicker 显示和更新时间值

```
import React, { Component } from 'react'
import { Text, View, DatePickerIOS } from 'react-native'    ← 从React Native导
                                                              入DatePickerIOS
class App extends Component {
```

```
constructor() {
  super()
  this.state = {
    date: new Date(),
  }
  this.onDateChange = this.onDateChange.bind(this)
}
onDateChange(date) {
  this.setState({date: date});
};

render() {
  return (
    <View style={{ marginTop: 50 }}>
      <DatePickerIOS
        date={this.state.date}
        onDateChange={this.onDateChange}
      />
      <Text style={{ marginTop: 40, textAlign: 'center' }}>
        { this.state.date.toLocaleDateString() } { this.state.date.toLocaleTimeString() }
      </Text>
    </View>)
  }
}
```

注释:
- 创建日期值,并将其存储在state中
- 创建onDateChange方法,该方法使用新的日期值更新state
- 返回DatePickerIOS组件,并传入date和onDateChange作为属性
- 将日期值以文本形式渲染

10.3 使用 PickerIOS 组件处理值列表

使用 PickerIOS 组件可以访问本机 iOS Picker 组件,该组件基本上允许用户使用本机 UI 滚动浏览并从值列表中进行选择,如图 10-3 所示。PickerIOS 的方法和属性见表 10-2。

表 10-2 PickerIOS 的方法和属性

属性	类型	描述
itemStyle	对象(样式)	容器中各项目的文本样式
onValueChange	函数(值)	当 PickerIOS 值更改时调用
selectedValue	数值或字符串	当前选择的 PickerIOS 值

PickerIOS 将渲染的子项列表封装起来,里面的每个子项都必须是 PickerIOS.Item:

```
import { PickerIOS } from 'react-native'
const PickerItem = PickerIOS.Item
<PickerIOS>
    <PickerItem />
    <PickerItem />
    <PickerItem />
</PickerIOS>
```

以上代码对每个 PickerIOS.Item 都进行了单独声明。更常见的做法是映射数组中的元素并为数组中的每一项返回 PickerIOS.Item，如代码清单 10-8 所示，效果如图 10-3 所示。

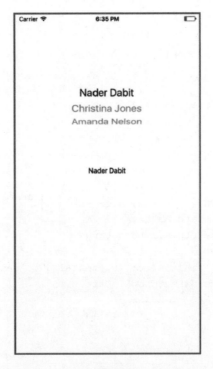

图 10-3　PickerIOS 渲染一系列人名

代码清单 10-8　使用带有 PickerIOS. items 数组的 PickerIOS

```
const people = [ #an array of people ];
render() {
<PickerIOS>
   {
      people.map((p, i) =>(
         <PickerItem key={i} value={p} label={p}/>
      ))
   }
   <PickerIOS>
}
```

PickerIOS 和 PickerIOS.Item 各自接收属性。PickerIOS 的主要属性是 onValueChange 和 selectedValue。每当选择器 picker 发生改变时，就调用 onValueChange 方法。selectedValue 是选择器在 UI 中所选的值。

PickerIOS.Item 的主要属性是 key、value 和 label。key 是唯一的标识符，value 是传递给 PickerIOS 组件的 onValueChange 方法的值，label 是在 UI 中显示的 PickerIOS.item 的标签。

10.3.1 使用 PickerIOS 的示例

本示例将在 PickerIOS 中渲染一个姓名数组。当值发生改变时，会更新 UI，显示新值，如代码清单 10-9 所示。

代码清单 10-9　使用 PickerIOS 显示一个姓名数组

```
import React, { Component } from 'react'
import { Text, View, PickerIOS } from 'react-native'    ← 从React Native 导入PickerIOS

const people = [    ← 创建一个姓名数组用于填充PickerItem的值
  {
    name: 'Nader Dabit',
    age: 36
  },
  {
    name: 'Christina Jones',
    age: 39
  },
  {
    name: 'Amanda Nelson',
    age: 22
  }
];
const PickerItem = PickerIOS.Item
class App extends Component {

  constructor() {                              ┐ 在状态中创建一个
    super()                                    │ 初始值用来保存所
    this.state = {                             │ 选的选择器值
      value: 'Christina Jones'
    }
    this.onValueChange = this.onValueChange.bind(this)
  }
  onValueChange(value) {                       ┐ 创建onValueChange方法，
    this.setState({ value });                  │ 用PickerIOS中的新值更新
  };                                           │ 状态值

  render() {
    return (
      <View style={{ marginTop: 50 }}>
        <PickerIOS                             ┐ 将ValueChange和selectedValue作
          onValueChange={this.onValueChange}   │ 为属性进行传递，渲染PickerIOS
          selectedValue={this.state.value}
        >
```

```
        {
          people.map((p, i) => {       ← 为people数组中的每个
            return (                     人渲染PickerIOS.Item
              <PickerItem
                  key={i}
                  value={p.name}
                  label={p.name}
              />
            )
          })
        }
    </PickerIOS>
    <Text style={{ marginTop: 40, textAlign: 'center' }}>
        {this.state.value}    ← 在UI中渲染this.state.value
    </Text>                      的值
  </View>)
  }
}
```

10.4 使用 ProgressViewIOS 显示加载进度

ProgressViewIOS 在 UI 中渲染本机的 UIProgressView，通常用于显示加载百分比、下载百分比或任务执行的进程，如图 10-4 所示。ProgressViewIOS 的属性见表 10-3。

图 10-4　在 UI 中渲染 ProgressViewIOS

第 10 章 实现特定于 iOS 的组件和 API

表 10-3　ProgressViewIOS 的方法和属性

属性	类型	描述
progress	数值	进度值（介于 0 和 1 之间）
progressImage	图像源	可伸缩图像显示为进度条
progressTintColor	字符串（颜色）	进度条的色调
progressViewStyle	枚举（default 或 bar）	进度条样式，default 显示底部颜色，bar 不显示底部颜色
trackImage	图像源	可伸缩图像显示在进度条后面
trackTintColor	字符串	进度条轨道的色调颜色

10.4.1　ProgressViewIOS 用例

ProgressViewIOS 最常见的用例是在使用外部 API 时，可以告诉用户在获取或发布数据时，有多少信息已通过网络传递。例如，要将一个视频保存到用户的本地相册中，可以使用 ProgressViewIOS 显示已完成进度和下载所需时间。

10.4.2　使用 ProgressViewIOS 的示例

创建此功能的主要属性是 progress。progress 取值 0～1 之间的数字，使用介于 0%和 100%之间的百分比填充 ProgressViewIOS。

本示例通过设置在 componentDidMount 中调用的 setInterval 方法来模拟数据加载，状态值从 0 开始，每 0.01s 递增 0.01，直到 1 结束，如代码清单 10-10 所示。

代码清单 10-10　使用 ProgressViewIOS 将进度条从 0%增至 100%

```
import React, { Component } from 'react'
import { Text, View, ProgressViewIOS } from 'react-native'   ← 从React Native导入ProgressViewIOS

class App extends Component {

  constructor() {
    super()
    this.state = {            ← 创建进度的初始状态值，设置为0
      progress: 0,
    }
  }

  componentDidMount() {
    this.interval = setInterval(() => {
      if (this.state.progress >= 1) {
        return clearInterval(this.interval)
      }
      this.setState({
        progress: this.state.progress + .01
      })
    }, 10)
```

将setInterval方法存储在变量中，并将进度状态值每1/100s递增0.01。如果this.state.progress大于或等于1，则通过调用clearInterval及返回来清除和取消时间间隔

}

```
render() {
  return (
    <View style={{ marginTop: 50 }}>
      <ProgressViewIOS
        progress={this.state.progress}
      />
      <Text style={{ marginTop: 10, textAlign: 'center' }}>
        {Math.floor(this.state.progress * 100)}% complete
      </Text>
    </View>
  )
}
}
```

将this.state.progress作为progress属性传递，渲染ProgressViewIOS

在UI中对this.state.progress的值取整并渲染

10.5 使用 SegmentedControlios 创建水平选项卡栏

SegmentedControlIOS 可以访问本机 iOS 的 UISegmentedControl 组件。这是在水平方向上各独立按钮组成的选项卡，如图 10-5 所示。

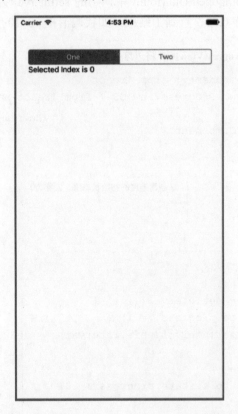

图 10-5 具有两个值（one 和 two）的 SegmentedControlIOS

第 10 章 实现特定于 iOS 的组件和 API

SegmentedControlIOS 的方法和属性见表 10-4，至少需要一个数组来渲染控件的值；需要 selectedIndex 作为所选控件的索引；需要 onChange 方法，在按下控件时就会调用该方法。

表 10-4 SegmentedControlIOS 的方法和属性

属性	类型	描述
enabled	布尔值	如果为 false，则用户无法与控件交互。默认值为 true
momentary	布尔值	如果为 true，则选择段将不会在视觉上持续存在。onValueChange 仍将按预期工作
onChange	函数(event)	当用户单击一个段时调用回调；将事件作为参数传递
onValueChange	函数(value)	当用户单击一个段时调用回调；将段的值作为参数传递
selectedIndex	数值	要（预）选择的段的 props.values 中的索引
tintColor	字符串(color)	控件的强调颜色
values	字符串数组	按顺序排列的控件分段按钮的标签

10.5.1 SegmentedControlIOS 用例

SegmentedControlIOS 用于在 UI 中分离和显示某些可筛选/可排序数据。例如，一款应用的信息是按周罗列并能够查看，就可以使用 SegmentedControlIOS，在一周中按照每一天进一步分离数据，使得每天都有一个单独的视图。

10.5.2 使用 SegmentedControlIOS 的示例

本示例将分段显示一个包含 3 个元素的数组，并在 UI 中根据所选元素显示值，如代码清单 10-11 所示。

代码清单 10-11 渲染 SegmentedControlIOS 的三个值

```
从React Native导入SegmentedControlIOS
    import React, { Component } from 'react'
    import { Text, View, SegmentedControlIOS } from 'react-native'

    const values = ['One', 'Two', 'Three']

    class App extends Component {
      constructor() {
        super()
        this.state = {
          selectedIndex: 0,
        }
      }

      render() {
        const { selectedIndex } = this.state
        let selectedItem = values[selectedIndex]
```

创建在SegmentedControlIOS中使用的values数组

创建状态值selectedIndex，并设置为0

创建变量selectedItem，将其设置为values数组的selectedIndex的值

```
   return (
     <View style={{ marginTop: 40, padding: 20 }}>
       <SegmentedControlIOS
         values={values}
         selectedIndex={this.state.selectedIndex}
         onChange={(event) => {
           this.setState({selectedIndex:
               event.nativeEvent.selectedSegmentIndex});
         }}
       />
       <Text>{selectedItem}</Text>
     </View>)
 }
```

将 SelectedItem 值显示在用户界面中

显示 SegmentedControlIOS 组件，将数组值作为属性值传递。this.state.selectedIndex 作为初始选中索引，以及一个用被单击项的索引更新 selectedIndex 状态值的 onchange 方法

10.6 使用 TabBarIOS 在 UI 底部渲染选项卡

TabBarIOS 可以访问本机 iOS 选项卡栏，在 UI 底部渲染选项卡，如图 10-6 所示。TabBarIOS 是一种将应用程序分离为多个部分的好方法，其方法和属性见表 10-5 所示。

表 10-5 TabBarIOS 属性

属性	类型	描述
barTintColor	字符串(color)	选项卡栏的背景色
itemPositioning	枚举（"fill" "center" "auto"）	选项卡栏项目定位。fill 表示在选项卡栏的整个宽度上放置各个选项，center 表示将各个选项居中放置在可用选项卡栏空间中。auto（默认）根据 UI 惯用法动态放置各个选项，在水平紧凑的环境中，默认为 fill，否则默认为 center
style	对象(style)	TabBarIOS 的样式
tintColor	字符串(color)	当前选定选项卡图标的颜色
translucent	布尔类型	指定选项卡栏是否为半透明
unselectedItemTintColor	字符串(color)	未选定选项卡图标的颜色（从 iOS 10 开始提供）
unselectedTintColor	字符串(color)	未选定选项卡上文本的颜色

TabBarIOS 将 TabBarIOS.Item 组件列表作为子项：

```
const Item = TabBarIOS.Item
<TabBarIOS>
   <Item>
      <View> #some content here </View>
   </Item>
   <Item>
      <View> #some other content here </View>
```

第 10 章　实现特定于 iOS 的组件和 API

```
    </Item>
</TabBarIOS>
```

要在 TabBarIOS.Item 中显示内容，TabBarIOS.Item 的 selected 属性必须为 true：

```
<Item
    selected={this.state.selectedComponent === 'home'}
>
    #your content here
</Item>
```

10.6.1　TabBarIOS 用例

TabBarIOS 主要用于页面导航。对手机而言，最常见的导航类型就是选项卡式，UI 分区操作，各选项卡分别显示各部分内容，如图 10-6 所示，用户体验良好。

图 10-6　带有两个选项卡（History 和 Favorites）的 TabBarIOS

10.6.2　使用 TabBarIOS 的示例

本示例将创建一个具有两个视图（History 和 Favorites）的应用程序，当单击 TabBarIOS.Item 时，调用 onPress 方法更新状态，实现两个视图之间的切换，如代码清单 10-12 所示。

代码清单 10-12　使用 TabBarIOS 渲染选项卡

```
import React, { Component } from 'react'
import { Text, View, TabBarIOS } from 'react-native'     ◄──── 从React Native导
                                                               入TabBarIOS
const Item = TabBarIOS.Item     ◄──── 创建Item变量，以保存
                                      TabBarIOS.Item组件
class App extends Component {

  constructor() {
    super()
    this.state = {                    创建selectedTab的初始
      selectedTab: 'history',     ◄── 状态值，设置为history
    }
    this.renderView = this.renderView.bind(this)
  }
                                创建一个可重用的renderView
                                方法，将tab作为参数
  renderView(tab) {           ◄──
    return (
      <View style={{ flex: 1, justifyContent: 'center',
                     alignItems: 'center' }}>
        <Text>Hello from {tab}</Text>
      </View>
    )
  }                              将两个Item组件作为子项传
                                 入，在UI中渲染TabBarIOS

                                 将systemIcon的属性设置为history
  render() {
    return (                                       将onPress方法附加到Item，使
      <TabBarIOS>   ◄──                            用传入this.setState（{}）的值更
        <Item                                      新状态中selectedTab的值
          systemIcon="history"    ◄──
          onPress={() => this.setState({ selectedTab: 'history' })}
          selected={this.state.selectedTab === 'history'}
        >
          {this.renderView('History')}  ◄── 调用this.renderView渲染该视图
        </Item>
        <Item
          systemIcon='favorites'
          onPress={() => this.setState({ selectedTab: 'favorites' })}
          selected={this.state.selectedTab === 'favorites'}
        >
          {this.renderView('Favorites')}
        </Item>
      </TabBarIOS>
    )
  }
}
```

第 10 章　实现特定于 iOS 的组件和 API

设置图标可以采用两种方式：使用系统图标，或使用本地图像。有关系统图标的列表，请参阅 http://mng.bz/rYNJ。本地图像可以通过传入图标属性获得。

10.7　使用 ActionSheetIOS 显示操作表或分享框

ActionSheetIOS 可以访问本机 iOS UIAlertController 以显示本机 iOS 操作表或分享框如图 10-7 所示。

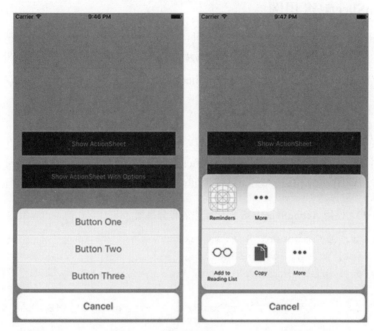

图 10-7　ActionSheetIOS 渲染的操作表（左）和分享框（右）

ActionSheetIOS 有 showActionSheetWithOptions 和 showShareActionSheetWithOptions 两个方法。这两个方法分别有若干选项，见表 10-6 和表 10-7。showActionSheetWithOptions 方法可以传递一个按钮数组并将方法挂钩到每个按钮，调用该方法需要两个参数：一个 options 对象和一个回调函数。showShareActionSheetWithOptions 方法可以显示本机 iOS 分享框，可以传入 URL、消息和要分享的主题，调用该方法需要传入 3 个参数：一个 options 对象、一个失败回调函数和一个成功回调函数。

表 10-6　ActionSheetIOS showActionSheetWithOptions 选项

选项	类型	描述
options	字符串数组	按钮标题列表（必填）
cancelButtonIndex	整数	选项中 Cancel（取消）按钮的索引
destructiveButtonIndex	整数	选项中 Destructive（销毁）按钮的索引
title	字符串	标题，显示在操作表上方
message	字符串	消息，显示在标题下方

表 10-7 ActionSheetIOS showShareActionSheetWithOptions 选项

选项	类型	描述
url	字符串	要分享的网址
message	字符串	要分享的消息
subject	字符串	消息的主题
excludedActivityTypes	数组	要从操作表中排除的活动

10.7.1 ActionSheetIOS 用例

ActionSheetIOS 主要用于为用户提供一组可供选择的选项，然后根据其选择调用函数。例如，在 Twitter 应用程序中，单击 Retweet 按钮时就会弹出操作表为用户提供一些选项，包括转发、评论转发和取消。以上就是 ActionSheetIOS 的一个常见用例，在用户单击按钮后显示操作表，为用户提供一组可供选择的选项。

10.7.2 使用 ActionSheetIOS 的示例

本节示例将创建一个视图，视图中有两个按钮：一个按钮调用 showActionSheetWithOptions 方法，另一个按钮调用 showShareActionSheetWithOptions 方法，如代码清单 10-13 所示。

代码清单 10-13 使用 ActionSheetIOS 创建操作表和分享框

```
import React, { Component } from 'react'
import { Text, View, ActionSheetIOS,        ← 从React Native导
         TouchableHighlight } from 'react-native'   入ActionSheetIOS

const BUTTONS = ['Cancel', 'Button One', 'Button Two', 'Button Three']  ←
                                                      创建一个将要在操作
class App extends Component {                         表中使用的按钮数组
  constructor() {
    super()                      创建clicked变量，
    this.state = {               设置为null
      clicked: null
    }
    this.showActionSheet = this.showActionSheet.bind(this)
    this.showShareActionSheetWithOptions =
        this.showShareActionSheetWithOptions.bind(this)
  }
  showActionSheet() {     ← 创建showActionSheet方法
    ActionSheetIOS.showActionSheetWithOptions({
      options: BUTTONS,
      cancelButtonIndex: 0,
    },
    (buttonIndex) => {
      if (buttonIndex > 0) {
```

第10章　实现特定于 iOS 的组件和 API

```
      this.setState({ clicked: BUTTONS[buttonIndex] });
    }
  });
}
showShareActionSheetWithOptions() {          ← 创建showShareActionSheetWithOptions
  ActionSheetIOS.showShareActionSheetWithOptions({   方法
    url: 'http://www.reactnative.training',
    message: 'React Native Training',
  },
  (error) => console.log('error:', error),          success回调接受一个表示成
  (success, method) => {         ←                  功或失败的布尔值，以及一
    if (success) {                                  个字符串表明分享方法
      console.log('successfully shared!', success)
    }
  });
};
render() {
  return (
    <View style={styles.container}>
      <TouchableHighlight onPress={this.showActionSheet}
                          style={styles.button}>
        <Text style={styles.buttonText}>
            Show ActionSheet
        </Text>
      </TouchableHighlight>
      <TouchableHighlight onPress={this.showShareActionSheetWithOptions}
                          style={styles.button}>
        <Text style={styles.buttonText}>
            Show ActionSheet With Options
        </Text>
      </TouchableHighlight>                         在视图中创建两个按钮，并将showActionSheet
      <Text>                                        和showShareActionSheet及其选项附加到这两个
          {this.state.clicked}                      按钮上
      </Text>
    </View>
    )
  }
}
styles = {
  container: {
      flex: 1,
      justifyContent: 'center',
      padding: 20,
```

```
    },
    button: {
        height: 50,
        marginBottom: 20,
        justifyContent: 'center',
        alignItems: 'center',
        backgroundColor: 'blue'
    },
    buttonText: {
        color: 'white'
    }
}
```

在上述代码的 ShowActionSheet 方法中，将按钮作为选项传入。将 cancelButtonIndex 设置为零，这样就将 Cancel 按钮置于操作表底部。回调方法将按钮索引作为参数，如果按钮索引大于 0，则 clicked 状态值被设置为新按钮的值。创建 showShareActionSheetWithOptions 方法时，传入 URL 和要共享的消息。第一个回调函数检查是否有错误，第二个回调函数检查 success 是否为 true。

本章小结

- 要导入跨平台文件，请使用特定平台的 android.js 和 ios.js 文件扩展名。
- 要渲染特定平台的代码，请使用 Platform API。
- 使用 DatePickerIOS 在 app 中选择和保存日期。
- 使用 PickerIOS 从列表中渲染和保存一个值。
- 使用 ProgressViewIOS 显示加载进度。
- 使用 SegmentedControlIOS 从一组选项中进行选择。
- 使用 TabBarIOS 在 app 中创建和切换选项卡。
- 使用 ActionSheetIOS，可以在 app 中调用本机 iOS 操作表或分享框。

第 11 章
实现特定于 Android 的组件和 API

本章内容包括：
- 使用 DrawerLayoutAndroid 创建侧滑菜单。
- 使用 ToolbarAndroid 创建本机工具栏。
- 使用 ViewPagerAndroid 创建分页视图。
- 使用 DatePickerAndroid 和 TimePikerAndroid 创建日期/时间选择器。
- 使用 ToastAndroid 创建 Toast（简短消息提示）。

本章将实现常见的 Android 专属组件和 API，讨论其属性和方法，并创建模拟示例以便读者可以快速上手。这些 Android 专属组件和 API 的工作原理将通过一个应用程序得以展示，这款应用程序带有菜单、工具栏、可滚动页面、日期选择器和时间选择器，还有 Android Toast（简短消息提示）。

注意：本书第 10.1 节介绍过特定平台代码。如果读者跳过了此节内容，并且不了解特定平台代码，建议先学习第 10.1 节的内容，再继续阅读以下部分。

11.1 使用 DrawerLayoutAndroid 创建侧滑菜单

本节将创建一个滑出菜单，如图 11-1 所示。此菜单将链接到应用程序的每个功能，基本用于在组件之间进行导航。下面将使用 DrawerLayoutAndroid 组件来创建此菜单。

首先，创建一个新的 Android 应用程序。从工作文件夹中的命令行，使用新建应用程序的名称替换以下命令中的 YourApplication：

```
react-native init YourApplication
```

接下来，创建实现应用程序功能的所有文件。在应用程序的根目录中，添加一个名为 app 的文件夹和以下 4 个文件：App.js、Home.js、Menu.js 和 Toolbar.js。

然后，更新 index.android.js 文件，就可以使用第一个特定于 Android 的组件 DrawerLayoutAndroid，这是一个从屏幕左侧滑出的工具栏。现在就编辑 index.android.js 文件以包含并实现此组件，如代码清单 11-1 所示。

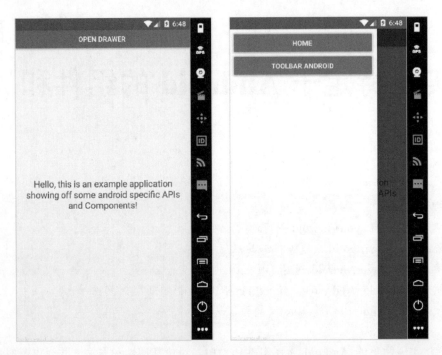

图 11-1 使用 DrawerLayoutAndroid 的应用初始布局。第一个屏幕的顶部按钮 Open Drawer 将调用打开抽屉布局的方法。第二个屏幕是已经打开的抽屉布局

代码清单 11-1 实现 DrawerLayoutAndroid 组件

```
import React from 'react'
import {
  AppRegistry,            ← 从React Native导入
  DrawerLayoutAndroid,      DrawerLayoutAndroid
  Button,
  View
} from 'react-native'

import Menu from './app/Menu'    ← 导入Menu组件
                                   （尚未创建）
import App from './app/App'     ← 导入App组件
                                   （尚未创建）

class mycomponent extends React.Component {

  constructor () {
    super()
```

第 11 章 实现特定于 Android 的组件和 API

```
    this.state = {              创建一个组件状态将
      scene: 'Home'             scene设置为'Home'
    }
    this.jump = this.jump.bind(this)
    this.openDrawer =this.openDrawer.bind(this)
  }
  openDrawer () {               创建一个方法,打开抽屉
    this.drawer.openDrawer()
  }
  jump (scene) {                创建一个更新scene状态的方法,
    this.setState({             然后调用closeDrawer ()
      scene
    })                          实现DrawerLayoutAndroid组件
    this.drawer.closeDrawer()
  }
  render () {                   创建一个对抽屉的引用,
    return (                    以调用该组件上的方法
      <DrawerLayoutAndroid
        ref={drawer => this.drawer = drawer}    抽屉的宽度为300
        drawerWidth={300}
        drawerPosition={DrawerLayoutAndroid.positions.Left}
        renderNavigationView={() => <Menu onPress={this.jump} />}
        <View style={{ margin: 15 }}>
          <Button onPress={() => this.openDrawer()} title='Open Drawer'/>
        </View>
        <App                    将jump方法附加到该
          openDrawer={this.openDrawer}    菜单,并创建一个按
          jump={this.jump}      钮,用来打开抽屉
          scene={this.state.scene} />
      </DrawerLayoutAndroid>    将App组件作为子组件传递,
    )                           App组件的属性为openDrawer、
  }                             jump和scene
}
AppRegistry.registerComponent('mycomponent', () => mycomponent)
```

将抽屉置于左侧

渲染导航视图,即Menu组件

下面,在 app/Menu.js 中创建将要在抽屉中使用的菜单,如代码清单 11-2 所示。

代码清单 11-2 创建 DrawerLayoutAndroid 菜单组件

```
import React from 'react'
import { View, StyleSheet, Button } from 'react-native'
let styles
const Menu = ({onPress }) => {
    const {
        button
```

239

```
      } = styles
      return (
        <View style={{ flex: 1 }}>
          <View style={button} >
            <Button onPress={() => onPress('Home')} title='Home' />
          </View>
          <View style={button} >
            <Button onPress={()=>onPress('Toolbar')}title='Toolbar Android' />
          </View>
        </View>
      )
}
styles = StyleSheet.create({
    button: {
      margin: 10,
      marginBottom: 0
    }
})
export default Menu
```

接下来，在 app/App.js 中创建以下组件，接受 scene 作为属性并基于该属性返回一个组件，如代码清单 11-3 所示。

代码清单 11-3　创建 DrawerLayoutAndroid App 组件

```
import React from 'react'

import Home from './Home'           ← 导入Home组件（尚未创建）
import Toolbar from './Toolbar'     ← 导入Toolbar组件（尚未创建）

function getScene (scene) {         ← 创建getScene方法，用于检查scene并返回
  switch (scene) {                     正确的组件
    case 'Home':
      return Home
    case 'Toolbar':
      return Toolbar
    default:
      return Home
  }
}
const App = (props) => {
  const Scene = getScene(props.scene)    ← 基于当前scene属性创建一个组件
  return (
   <Scene openDrawer={props.openDrawer} jump={props.jump} />   ← 传入openDrawer和jump
  )                                                               作为属性，渲染该组件
}

export default App
```

第 11 章　实现特定于 Android 的组件和 API

下一步就来创建与该菜单进行交互的组件。要使当前设置生效，需要创建 Home 组件和 Toolbar 组件。上述代码中，虽然已经导入了这两个组件，但实际上尚未创建。在 app/Home.js 中，创建以下组件作为基本的介绍页面，如代码清单 11-4 所示。

代码清单 11-4　创建 DrawerLayoutAndroid Home 组件

```
import React, { Component } from 'react'
import {
    View,
    Text,
    StyleSheet
} from 'react-native'
let styles
class Home extends Component {
    render () {
        return (
            <View style={styles.container}>
                <Text style={styles.text}>
                    Hello, this is an example application showing off some
                    android-specific APIs and Components!
                </Text>
            </View>
        )
    }
}
styles = StyleSheet.create({
    container: {
        flex: 1,
        justifyContent: 'center',
        alignItems: 'center'
    },
    text: {
        margin: 20,
        textAlign: 'center',
        fontSize: 18
    }
})
export default Home
```

然后，在 app/Toolbar.js 中，创建以下组件，通过显示"Hello from Toolbar"消息告知用户目前，正处在工具栏中，如代码清单 11-5 所示。

代码清单 11-5　创建 DrawerLayoutAndroid Toolbar 组件

```
import React from 'react'
```

```
import {
    View,
    Text
} from 'react-native'
class ToolBar extends React.Component {
    render () {
        return (
            <View style={{ flex: 1 }}>
                <Text>Hello from Toolbar</Text>
            </View>
        )
    }
}
export default ToolBar
```

构建完毕。现在启动该应用程序，就能够看到如图 11-1 所示的菜单。

11.2 使用 ToolbarAndroid 创建工具栏

在上一节创建所有内容后，本节将添加一个 React Native 新组件 ToolbarAndroid。它包装原生 Android 工具栏，可以显示多种内容，包括标题、副标题、日志、导航图标和操作按钮。

本节示例中，ToolbarAndroid 包含标题、副标题和两个操作（Options 和 Menu，如图 11-2 所示）。单击 Menu 就会触发 openDrawer 方法，将打开菜单，如代码清单 11-6 所示。

图 11-2 ToolbarAndroid 包含标题、副标题和两个操作。该菜单是可配置的，但本示例只是使用了默认设置

代码清单 11-6　实现 ToolbarAndroid

```
import React from 'react'
import {
  ToolbarAndroid,          ← 导入ToolbarAndroid组件
  View
} from 'react-native'
class Toolbar extends React.Component {
  render () {
    const onActionSelected = (index) => {    ← 创建onActionSelected方法。此
      if (index === 1) {                        方法接受索引，若索引为1，
        this.props.openDrawer()                 则调用this.props.openDrawer。
      }                                         本示例中有一个操作数组，每
    }                                           次单击都会传入其索引，调用
                                                此方法

    return (
      <View style={{ flex: 1 }}>
        <ToolbarAndroid          ← 返回ToolbarAndroid
          subtitleColor='white'
          titleColor='white'
          style={{ height: 56, backgroundColor: '#52998c' }}
          title='React Native in Action'
          subtitle='ToolbarAndroid'
          actions={[ { title: 'Options', show: 'always' },
                     { title: 'Menu', show: 'always' } ]}   ←
          onActionSelected={onActionSelected}
        />                                              传入操作数组。单击这些操作，会以数组索引
      </View>                                           作为参数调用onActionSelected方法
    )
  }
}
export default Toolbar
```
将onActionSelected函数传递
给onActionSelected属性

刷新设备时，不仅能看到 Android 工具栏，单击 Menu 按钮，还能够打开 DrawerLayout Android 菜单。

11.3　使用 ViewPagerAndroid 实现可滚动分页

本节将使用 ViewPagerAndroid 创建一个新的示例页面和组件，该组件可以在视图之

间轻松地左右滑动。ViewPagerAndroid 的每个子视图都是独立的可滑动视图，如图 11-3 所示。

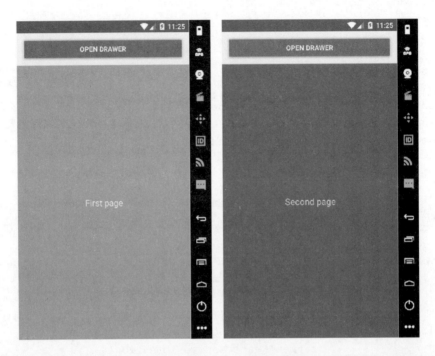

图 11-3　具有两个子视图的 ViewPagerAndroid。当滑动页面时，这两个子视图会向左和向右滚动以显示下一页

首先，创建一个 app/ViewPager.js 文件，并添加代码清单 11-7 中的代码，以实现 ViewPagerAndroid 组件。

代码清单 11-7　使用 ViewPagerAndroid 启用可滚动的分页视图

```
import React, { Component } from 'react'
import {
  ViewPagerAndroid,          ← 从React Native导入ViewPagerAndroid
  View,
  Text
} from 'react-native'

let styles

class ViewPager extends Component {
  render () {
    const {
      pageStyle,
```

第 11 章 实现特定于 Android 的组件和 API

```
        page1Style,
        page2Style,
        textStyle
    } = styles
    return (
    <ViewPagerAndroid
        style={{ flex: 1 }}
            initialPage={0}>
            <View style={[ pageStyle, page1Style ]}>
                <Text style={textStyle}>First page</Text>
            </View>
            <View style={[ pageStyle, page2Style ]}>
                <Text style={textStyle}>Second page</Text>
            </View>
        </ViewPagerAndroid>
    )
  }
}
styles = {
    pageStyle: {
        justifyContent: 'center',
        alignItems: 'center',
        padding: 20,
        flex: 1,
    },
    page1Style: {
        backgroundColor: 'orange'
    },
    page2Style: {
        backgroundColor: 'red'
    },
    textStyle: {
        fontSize: 18,
        color: 'white'
    }
}
export default ViewPager
```

返回带有两个子视图的 ViewPagerAndroid，一个子视图具有橙色背景，另一个具有红色背景

然后，编辑 Menu.js，以添加查看新组件的按钮。在 Menu.js 中，将该按钮添加在 Toolbar Android 按钮下方：

```
<View style={button} >
```

```
<Button onPress={() => onPress('ViewPager')} title='ViewPager Android' />
</View>
```

最后，导入新组件并更新 App.js 中的 switch 语句以渲染该组件，如代码清单 11-8 所示。

代码清单 11-8　带有新 ViewPager 组件的 App.js

```
import React from 'react'
import Home from './Home'
import Toolbar from './Toolbar'
import ViewPager from './ViewPager'
function getScene (scene) {
    switch (scene) {
        case 'Home':
            return Home
        case 'Toolbar':
            return Toolbar
        case 'ViewPager':
            return ViewPager
        default:
            return Home
    }
}
const App = (props) => {
    const Scene = getScene(props.scene)
    return (
        <Scene openDrawer={props.openDrawer} jump={props.jump} />
    )
}
export default App
```

运行应用程序，就可以在侧边菜单中看到新的 ViewPager Android 按钮，用户可以查看这个新组件并与之交互。

11.4　使用 DatePickerAndroid API 显示本机的日期选择器

DatePickerAndroid 可以打开本机的 Android 日期选择器对话框并与之交互，如图 11-4 所示。要使用 DatePickerAndroid 组件，需要导入 DatePickerAndroid 并调用 DatePickerAndroid.open()。首先，创建 app/DatePicker.js 文件，然后在该文件中创建 DatePicker 组件，如代码清单 11-9 所示。

第 11 章　实现特定于 Android 的组件和 API

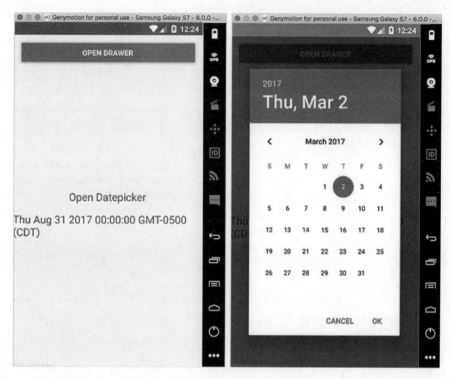

图 11-4　DatePickerAndroid 带有一个按钮，用于打开日期选择器，然后在视图中显示所选日期

代码清单 11-9　实现 DatePicker 组件

```
import React, { Component } from 'react'
import { DatePickerAndroid, View, Text } from 'react-native'    ← 从React Native导入DatePickerAndroid

let styles

class DatePicker extends Component {

  constructor() {
    super()
    this.state = {          ← 创建状态，将date设置为new Date()
      date: new Date()
    }
    this.openDatePicker = this.openDatePicker.bind(this)
  }
                            ← 创建openDatePicker方法，按下按钮时
                              将使用该方法
  openDatePicker () {
```

247

```
      DatePickerAndroid.open({          ← DatePickerAndroid.open返回一个promise,
        date: this.state.date              提供一个对象,该对象包含所选日期day、
      })                                   月份month、年份year以及操作action
      .then((date) => {
        const { year, month, day, action } = date  ←
        if (action === 'dateSetAction') {   ←
          this.setState({ date: new Date(year, month, day) })
        }                                   如果选择的是一个日期,则操作action为
      }) }                                  dateSetAction。如果模态被解除,则操作
                                            action为dismissedAction
  render() {
    const {
      container,
      text
    } = styles
    return (
      <View style={container}>            ←
        <Text onPress={this.openDatePicker} style={text}>
          Open Datepicker
        </Text>
        <Text style={text}>{this.state.date.toString()}</Text>
      </View>                             创建一个调用openDatePicker方法的按钮,
    )                                     在视图中显示该日期
  }
}
styles = {
  container: {
    flex: 1,
    justifyContent: 'center',
    alignItems: 'center'
  },
  text: {
    marginBottom: 15,
    fontSize: 20
  }
}
export default DatePicker
```

以上代码成功创建了 DatePicker 组件,下面将其纳入 app/App.js 文件,如代码清单 11-10 所示。

代码表单 11-10　具有崭新 DatePicker 组件的 app/App.js

```
import React from 'react'
import Home from './Home'
import Toolbar from './Toolbar'
```

第 11 章 实现特定于 Android 的组件和 API

```
import ViewPager from './ViewPager'
import DatePicker from './DatePicker'
function getScene (scene) {
    switch (scene) {
        case 'Home':
            return Home
        case 'Toolbar':
            return Toolbar
        case 'ViewPager':
            return ViewPager
        case 'DatePicker':
            return DatePicker
        default:
            return Home
    }
}
const App = (props) => {
    const Scene = getScene(props.scene)
    return (
        <Scene openDrawer={props.openDrawer} jump={props.jump} />
    )
}
export default App
```

最后，更新菜单，以添加用于打开 DatePicker 组件的新按钮。具体作法是在 app/Menu.js 文件中，ViewPager Android 按钮下方添加以下按钮：

```
<View style={button} >
<Button onPress={() => onPress('DatePicker')} title='DatePicker Android' />
</View>
```

11.5 使用 TimePickerAndroid 创建时间选择器

本节将创建 TimePickerAndroid。与 DatePickerAndroid 类似，创建 TimePickerAndroid 也需要先将其导入，再调用 open 方法与之交互。该组件为用户提供一个时间选择器对话框，用户可在其中选择一个时间并在应用程序中使用该时间，如图 11-5 所示。

为了使时间格式标准化，需使用 moment.js 第三方库。在开始使用此库之前，必须先安装该库。具体做法：在该项目的根目录下，依照个人爱好从 npm 或 ya 安装 moment，效果无差异。代码如下：

```
npm install moment -save
```

或

```
yarn add moment
```

图 11-5 具有小时和分钟视图的 TimePickerAndroid

下面，在 app/TimePicker.js 中，创建以下时间选择器组件，如代码清单 11-11 所示。

代码清单 11-11 使用 moment.jsListing 创建 TimePickerAndroid

```
从React Native中导入TimePickerAndroid
  import React, { Component } from 'react'
  import { TimePickerAndroid, View, Text } from 'react-native'
  import moment from 'moment'        ← 从moment.js导入moment

  let styles

  class TimePicker extends Component {

    constructor () {
      super()
                                       创建初始时间并以h:mma、
      this.state = {                   hour:minutes a.m.或p.m.的格
        time: moment().format('h:mm a')  式将其存储在state中
      }
      this.openTimePicker = this.openTimePicker.bind(this)
    }                              创建openTimePicker方法

    openTimePicker () {
      TimePickerAndroid.open({     TimePickerAndroid.open方法返回一个
        time: this.state.time      promise，包含time对象，time对象中
      })                           有hour、minute和action
```

第 11 章 实现特定于 Android 的组件和 API

```
      .then((time) => {
        const { hour, minute, action } = time
        if (action === 'timeSetAction') {
          const time = moment().minute(minute).hour(hour).format('h:mm a')
          this.setState({ time })
        }
      })
  }

  render () {
    const {
      container,
      text
    } = styles
    return (
      <View style={container}>
        <Text onPress={this.openTimePicker} style={text}>Open Time Picker</Text>
        <Text style={text}>{this.state.time.toString()}</Text>
      </View>
    )
  }
}
styles = {
  container: {
    flex: 1,
    justifyContent: 'center',
    alignItems: 'center'
  },
  text: {
    marginBottom: 15,
    fontSize: 20
  }
}
export default TimePicker
```

检查action是否为timeSetAction，如果是，则更新state以反映这个新时间

创建一个按钮以调用openTimePicker 并在视图中显示该时间

接下来，编辑 app/App.js 以包含上述新组件，如代码清单 11-12 所示。

代码清单 11-12　将 TimePicker 组件添加至 app/App.js

```
import React from 'react'
import Home from './Home'
```

```
import Toolbar from './Toolbar'
import ViewPager from './ViewPager'
import DatePicker from './DatePicker'
import TimePicker from './TimePicker'
function getScene (scene) {
    switch (scene) {
       case 'Home':
           return Home
       case 'Toolbar':
           return Toolbar
       case 'ViewPager':
           return ViewPager
       case 'DatePicker':
           return DatePicker
       case 'TimePicker':
           return TimePicker
       default:
           return Home
    }
}
const App = (props) => {
    const Scene = getScene(props.scene)
       return (
       <Scene openDrawer={props.openDrawer} jump={props.jump} />
    )
}
export default App
```

最后，更新菜单，以添加按钮来打开新的 TimePicker 组件。在 app/Menu.js 中，DatePicker Android 按钮下面，添加以下代码：

```
<View style={button} >
    <Button onPress={() => onPress('TimePicker')} title='TimePicker Android' />
</View>
```

11.6 使用 ToastAndroid 实现 Android toast

ToastAndroid 可以从 React Native 应用程序中，轻松调用原生 Android toast。Android toast 是一个消息弹出窗口，该弹出消息只出现一段时间，然后就会消失，如图 11-6 所示。开始构建该组件之前，需要首先创建 app/Toast.js，如代码清单 11-13 所示。

第 11 章 实现特定于 Android 的组件和 API

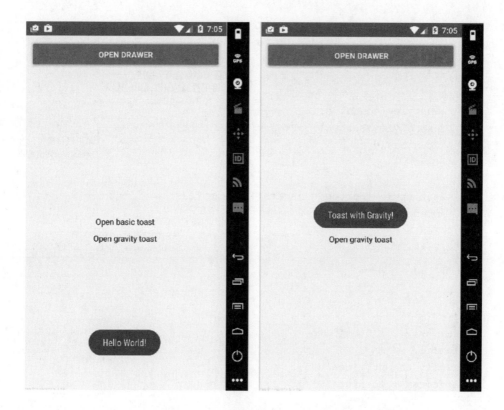

图 11-6 ToastAndroid 在默认位置和中间位置都有消息弹出窗口

代码清单 11-13 实现 ToastAndroid

```
import React from 'react'
import { View, Text, ToastAndroid } from 'react-native'    ◄── 从React Native中导
                                                               入ToastAndroid
let styles

const Toast = () => {
  let {
    container,
    button
  } = styles

  const basicToast = () => {                               创建basicToast方法，以调
    ToastAndroid.show('Hello World!', ToastAndroid.LONG)   用ToastAndroid.show（）
  }
                                                    创建gravityToast方法，以调用
  const gravityToast = () => {                      ToastStandroid.showWithGravity()
```

253

```
      ToastAndroid.showWithGravity('Toast with Gravity!',
                        ToastAndroid.LONG, ToastAndroid.CENTER)
    }

    return (                              ← 在视图中创建两个按钮：一
      <View style={container}>              个用于打开basicToast，另
                                            一个打开gravityToast
        <Text style={button} onPress={basicToast}>  ←
          Open basic toast                            单击该按钮时，打开
        </Text>                                       basicToast弹出窗口

        <Text style={button} onPress={gravityToast}>  ←
          Open gravity toast
        </Text>                                       单击该按钮时，打开
      </View>                                         gravityToast弹出窗口
    )
}

styles = {
  container: {
    flex: 1,
    justifyContent: 'center',
    alignItems: 'center'
  },
  button: {
    marginBottom: 10,
    color: 'blue'
  }
}

export default Toast
```

以上代码中，ToastAndroid.show()有两个参数：一个是弹出窗口显示的消息内容，另一个是该消息显示存留的时间。该时间可以是 SHORT（约 2s），也可以是 LONG（约 4s），本示例中为 LONG。ToastAndroid.showWithGravity()方法比 ToastAndroid.show()多一个参数，第 3 个参数用来为弹出窗口定位：顶部、底部或中心。本示例中第 3 个参数为 ToastAndroid.CENTER，因此弹出窗口位于屏幕的中间位置。

下面，编辑 app/App.js，以包含上述组件，如代码清单 11-14 所示。

代码清单 11-14 将上述 toast 组件添加到应用

```
import React from 'react'
import Home from './Home'
import Toolbar from './Toolbar'
import ViewPager from './ViewPager'
import DatePicker from './DatePicker'
```

第 11 章 实现特定于 Android 的组件和 API

```
import TimePicker from './TimePicker'
import Toast from './Toast'
function getScene (scene) {
    switch (scene) {
        case 'Home':
            return Home
        case 'Toolbar':
            return Toolbar
        case 'ViewPager':
            return ViewPager
        case 'DatePicker':
            return DatePicker
        case 'TimePicker':
            return TimePicker
        case 'Toast':
            return Toast
        default:
            return Home
    }
}
const App = (props) => {
    const Scene = getScene(props.scene)
    return (
        <Scene openDrawer={props.openDrawer} jump={props.jump} />
    )
}
export default App
```

最后，更新菜单，以添加新按钮，用于打开上述 toast 组件。在 app/Menu.js 中，TimePicker Android 按钮的下方添加以下代码：

```
<View style={button} >
    <Button onPress={() => onPress('Toast')} title='Toast Android' />
</View>
```

本章小结

- 可以使用 DrawerLayoutAndroid 创建应用程序的主菜单。
- 可以使用 ToolbarAndroid 创建交互式工具栏。
- 可以使用 ViewPagerAndroid 创建可滑动的视图。
- 使用 DatePickerAndroid，用户可以访问本机日期选择器，在应用中创建和操作日期。
- 使用 TimePickerAndroid，用户可以访问本机时间选择器，在应用中创建和操作时间。
- 使用 ToastAndroid 可以轻松创建原生 Android toast 通知。

第四部分　将各部分整合为一个应用程序

本部分将前面章节中的所有内容（样式、导航、动画和一些跨平台组件）整合到一个应用程序中。

第 12 章首要关注最终设计方案，然后逐步了解应用程序的功能。将创建一个新的 React Native 应用程序，安装 React Navigation 库，深入探讨组件和导航 UI 的样式，使用 Fetch API 处理来自外部网络资源的数据，并最终构建一个应用程序，供用户查看最喜欢的星球大战（Star Wars）人物的信息。

第 12 章
使用跨平台组件构建 Star Wars 应用

本章内容包括:
- 使用 Fetch API 获取数据。
- 使用 Modal 组件显示和隐藏视图。
- 使用 FlatList 组件创建列表。
- 使用 ActivityIndicator 显示加载状态。
- 使用 React Navigation 在实际项目中进行导航。

React Native 的许多组件都可以用于 Star Wars 应用。其中一些组件可以跨平台工作:也就是说,无论是在 iOS 还是 Android 上都能正常运行。还有一些组件是针对特定平台的:例如,ActionSheetIOS 仅在 iOS 上运行,ToolbarAndroid 仅在 Android 平台上运行。

本章将介绍一些最常用的跨平台组件,并在构建演示应用程序过程中展示如何实现每个组件。具体而言,通过构建跨平台的 Star Wars 应用实现以下跨平台组件和 API:

- Fetch API。
- Modal。
- ActivityIndicator。
- FlatList。
- Picker。
- React-Navigation。

Star Wars 应用将访问 SWAPI,即 Star Wars API(https://swapi.co),并返回有关星球大战人物、星际飞船、主行星等相关信息,如图 12-1 所示。当用户单击 People 时,该应用程序将从 https://swapi.co/api/people 获取该电影的主要人物列表并显示其信息。该应用程序使用了若干 React Native 跨平台组件,本章将介绍如何在执行以下操作时使用这些跨平台组件。

1)创建一个新的 React Native 应用程序并安装依赖项。
2)导入 People 组件并创建 Container 组件。

3）创建导航组件并注册路径。
4）为视图创建主类。
5）创建 People 组件。
6）使用跨平台组件 FlatList、Modal 和 Picker 创建状态，并设置一个 fetch（提取）调用来检索数据。

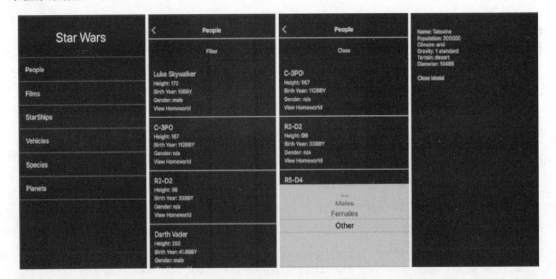

图 12-1　使用 React Native 跨平台组件构建的 Star Wars 应用完成效果图。图中单击了第一个链接：People

注意：本章代码可以从以下网站下载：

www.manning.com/books/react-native-in-action
https://github.com/dabit3/react-native-in-action/tree/chapter12/StarWars

12.1　创建 Star Wars 应用并安装依赖项

首先，创建一个新的 React Native 应用程序，并安装构建此应用程序所需的依赖项。在命令行，输入以下内容：

react-native init StarWarsApp

然后，切换到新创建的 StarWarsApp 目录：

cd StarWarsApp

这个应用程序唯一需要安装的东西是 react-navigation，所以可以使用 npm 或 yarn 来安装：
- 若使用 npm：npm i react-navigation。
- 若使用 yarn：yarn add react-navigation。

第 12 章 使用跨平台组件构建 Star Wars 应用

通过以上步骤，已经成功创建 Star Wars 应用。下一步，打开 App.js 文件，创建如图 12-2 所示的屏幕需要的组件。在 App.js 文件的顶部，导入下面的组件，如代码清单 12-1 所示。

代码清单 12-1 导入初始组件

```
import React, { Component } from 'react';
import {
    StyleSheet,
    Text,
    FlatList,
    TouchableHighlight
} from 'react-native';
import { createStackNavigator } from 'react-navigation';
```

以上代码清单从 react-navigation 导入了所需的 React Native 组件和 createStackNavigator。FlatList 组件使用数据数组在应用程序中渲染更富有表现力的列表。createStackNavigator 是一个来自 react-navigation 的导航器，可以在场景之间进行导航，每一个新的场景将置于路径堆栈的顶部。所有动画效果配置完成，并提供了默认的 iOS 和 Android 体验。

图 12-2 Star Wars 应用的初始视图

12.1.1 导入 People 组件并创建 Container 组件

本节需要导入 Star Wars 应用中使用的两个视图。如图 12-2 所示，Star Wars 中有 People、Films 等多个链接。当用户单击 People 时，就会导航到 Star Wars 电影的主要人物列表。为此，将在第 12.2 节创建一个 People 组件，而本节将直接导入该组件。在代码清单 12-1 中的最后一个 import 下面，导入这个尚未创建的 People 组件：

```
import People from './People'
```

因为该设计采用黑色背景，以后还打算跨组件重复使用这些样式代码，因此将创建一个严格用于样式的 Container 组件包裹视图。在应用的根目录中，创建 Container.js 新文件，如代码清单 12-2 所示。

代码清单 12-2　创建一个可重用的 Container 组件

```
import React from 'react'
import { StyleSheet, View } from 'react-native'

const styles = StyleSheet.create({
  container: {
    flex: 1,
    backgroundColor: 'black',
  },
})

const Container = ({ children }) => (
  <View style={styles.container}>
    {children}
  </View>
)

export default Container
```

- 使用第4章介绍过的Stylesheet，创建一组可重用的样式
- Container只有单个属性children，在本示例中为Container所包裹的组件
- 将子组件包裹在View中，并为其指定一个容器样式。这样就为该组件提供了黑色背景和flex取值为1的样式

然后，在 People 组件的最后一个 import 下面，将 Container 导入到 App.js 文件中：

```
import Container from './Container'
```

在上述 Container 导入的下方，创建一个用于链接的数据数组。该数组中的项目将传递给 FlatList 组件，以创建链接列表。该数组中包含多个对象，每个对象都包含 title 键，用于显示链接的名称：

```
const links = [
    { title: 'People' },
    { title: 'Films' },
    { title: 'StarShips' },
    { title: 'Vehicles' },
    { title: 'Species' },
    { title: 'Planets' }
]
```

12.1.2 创建导航组件并注册路径

本节将在 App.js 文件的底部创建一个导航组件，并传递给 AppRegistry。本示例使用 createStackNavigator 作为导航组件，需要在应用程序中注册路径。

首先，初始化 createStackNavigator，并将该导航传递给 AppRegistry 方法，用导航组件替换默认的 Starwars 组件，如代码清单 12-3 所示。createStackNavigator 是一个跨平台组件，可以在屏幕之间进行导航，每一个新的屏幕将置于路径堆栈的顶部。

代码清单 12-3 使用 createStackNavigator

> 第一个键即为初始路径。本示例传入StarWars组件（在代码清单12-4中创建）作为初始路径

```
const App = createStackNavigator({
  StarWars: {
    screen: StarWars
  },
  People: {
    screen: People
  }
})
export default App
```

> createStackNavigator的第一个参数是路径配置，是一个将要定义路径的对象，键值对中的键定义路径名称，值定义该路径的组件

> 另一个路径是People。本示例传入People组件（在代码清单12-5中创建）

12.1.3 为初始视图创建主类

本节将在 App.js 文件中为视图添加主类，如代码清单 12-4 所示，添加的位置在第 12.1.1 节中创建的链接数组下面，该类返回一个列表，渲染从 API 返回的所有电影角色；将使用 navigationOptions 静态属性设置标题，并在标题中设置徽标；还将使用 React Native 中的 FlatList 渲染上述列表，FlatList 是一个内置接口，可以在 React Native 应用程序中渲染简单列表。

代码清单 12-4 创建主组件 StarWars

```
class StarWars extends Component {

  static navigationOptions = {

  headerTitle: <Text
    style={{
      fontSize: 34, color: 'rgb(255,232,31)'
    }}
  >Star Wars</Text>,
  headerStyle: { backgroundColor: "black", height: 110 }
```

> 创建静态对象 navigationOptions，并传入 headerTitle 组件和 headerStyle 对象

```
  }
  navigate = (link) => {                    ◄──── 创建导航方法，以link作为参数
    const { navigate } = this.props.navigation
    navigate(link)
  }
                                            ◄──── 循环遍历数据数组并返回每个数据
  renderItem = ({ item, index }) => {             项及其索引
    return (
      <TouchableHighlight
        onPress={() => this.navigate(item.title)}
        style={[ styles.item, { borderTopWidth: index === 0 ? 1 : null} ]}>
        <Text style={styles.text}>{item.title}</Text>
      </TouchableHighlight>
    )
  }

  render() {
    return (
      <Container>
        <FlatList
          data={links}                      ◄──── 返回Container，包裹FlatList组件，并
          keyExtractor={(item) => item.title}      传入links、renderItem和keyExtractor
          renderItem={this.renderItem}             方法
        />
      </Container>
    )
  }
}

const styles = StyleSheet.create({
  item: {
    padding: 20,
    justifyContent: 'center',
    borderColor: 'rgba(255,232,31, .2)',
    borderBottomWidth: 1
  },
  text: {
    color: '#ffe81f',
    fontSize: 18
  }
});
```

以上代码使用了 react-navigation 中的 createStackNavigator，所以能够为每个路径传递配置。本示例需要更改默认的标题配置和样式，因此创建了静态对象 navigationOptions，并传

入一个包含标题的 headerTitle 组件和一个包含特定样式的 headerStyle 对象。headerTitle 是徽标文本，headerStyle 将背景颜色设置为黑色，并提供适合文本的高度设置。

以上代码中，navigate 方法将 link 作为参数。StackNavigation 渲染的任何组件都接收 navigation 对象作为属性。使用该属性可以解构 navigate 方法，然后依照传入的 link 进行导航。在本示例中 link 为 links 数组中的 title 属性，并与传入 createStackNavigator 的键相关联。

FlatList 采用了 renderItem 方法，该方法循环遍历数据数组并返回一个对象，该对象包含数组中每一个数据项及索引。上述每个数据项都具有多个属性。通过解构，将数据项作为参数传递给 navigate 就可以显示标题。如遇数组中的第一项，则通过其索引应用 borderTop 样式。

render()返回了 Container，其中包裹了 FlatList，传入了 links 作为数据、之前创建的 renderItem 方法、以及 keyExtractor 方法。如果数组中没有标记为 key 的项，则必须告诉 FlatList 要使用哪一项作为其键，否则会报错。图 12-3 显示了带有多个组件的应用初始视图。App.js 的最终代码可以通过以下方式在线获得，网址如下：

www.manning.com/books/react-native-in-action

或者

https://github.com/dabit3/react-native-in-action/blob/chapter12/StarWars/App.js。

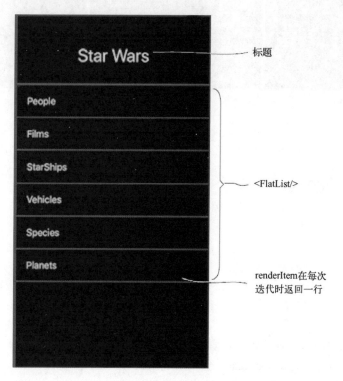

图 12-3　各组件以及 StarWars 组件的标题

12.2 使用 FlatList、Modal 和 Picker 创建 People 组件

本节将创建 People 组件，可以从 Star Wars API 获取和显示星球大战演员表信息，如图 12-4 所示。People 组件中将会用到 React Native 跨平台组件 Modal 和 Picker。Modal 可在当前工作的任何视图上显示元素。Picker 可以显示滚动列表，内含多个选项或多个值，供用户选择输入。

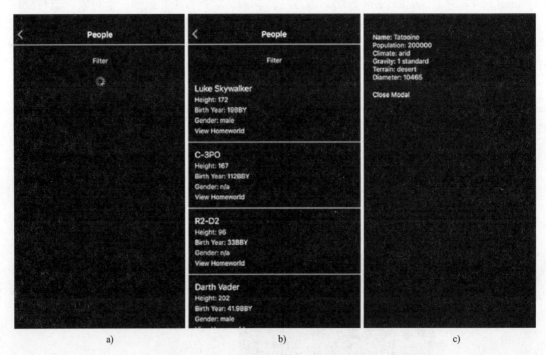

图 12-4　People 组件显示 People.js 的各种状态

a) 为加载中　b) 为已加载　c) 用户还可以查看每个人物的家乡信息

People 组件加载时，data 数组为空，loading 状态为 true，详情如下：

```
state = {
  data: [],
  loading: true,
  modalVisible: false,
  gender: 'all',
  pickerVisible: false
}
```

People 组件安装完成后，就可以从 https://swapi.co/api/people 上的 Star Wars API 中获取数据了。可以使用这些数据填充 data 数组，并将 loading 布尔值设置为 false。

使用 modalVisble 布尔值，可以显示或隐藏 Modal 组件，Modal 组件可以获取人物的家

乡信息。使用 pickerVisible 可以显示或隐藏 Picker 组件，Picker 组件可以选择查看人物的性别，并将结果传递给一个过滤器，过滤出相应的结果。

下面，创建一个新文件 People.js，开始编写代码，如代码清单 12-5 所示。

代码清单 12-5　People.js 文件导入多项内容

```
import React, { Component } from 'react'
import {
  StyleSheet,          ← 从React Native导入多个组件
  Text,
  View,
  Image,
  TouchableHighlight,
  ActivityIndicator,
  FlatList,
  Modal,
  Picker
} from 'react-native'
import _ from 'lodash'    ← 导入lodash实用程序库

import Container from './Container'    ← 导入App.js中使用的Container组件，因为这里需要相同的样式
import HomeWorld from './HomeWorld'    ← 导入HomeWorld组件（尚未创建）。当用户单击View Homeworld时，HomeWorld组件将填充人物的家乡信息
```

lodash 实用程序库可以提供许多便利功能。以上代码导入之前，首先需要通过 npm 或 yarn 安装 lodash。

下一步，为 People 组件创建主类文件夹，并设置 navigationOptions 来为头部提供标题和一些样式，最后导入 People.js，创建 People 类，如代码清单 12-6 所示。

代码清单 12-6　创建 People 类并设置页面标题

```
export default class People extends Component {
  static navigationOptions = {          ← 创建静态navigationOptions的属性
    headerTitle: 'People',
    headerStyle: {          ← headerStyle是头部标题的样式对象
      borderBottomWidth: 1,
      borderBottomColor: '#ffe81f',
      backgroundColor: 'black'
    },
    headerTintColor: '#ffe81f',
    pressColorAndroid: 'white'    ← 设置颜色，在按下按钮时使用"material ripple"动画（仅限Android>=5.0）
  }
}
```

以上代码中，创建了静态 navigationOptions 的属性，headerTitle 的值并不是通过组件传入，而是通过传入字符串"People"得到的，随后又添加了一些样式。

12.2.1 创建 state 并设置 fetch 调用以检索数据

本节将创建 state 并在 componentDidMount 上设置 fetch 调用。fetch 是一个跨平台 API，用于获取替代 XMLHttpRequest 的网络资源。fetch 尚未与所有互联网浏览器 100%兼容，但 React Native 提供了一个 polyfill（一种模仿原始 API 行为的 API，在本示例中原始 API 为 fetch）。fetch API 开箱即用，可以处理多种网络请求，如 GET、POST、PUT 以及 DELETE。fetch 返回一个 promise，方便异步处理。

fetch 请求代码如下：

```
fetch('https://swapi.co/api/people/')
   .then(response => response.json())
   .then(json => {
      #do something with the returned data / json
   })
   .catch(err => {
      #handle error here
   })
```

本示例中，fetch 调用将访问位于 https://swapi.co/api/people 上的 Star Wars API，并返回一个包含结果数组的对象。此结果数组包含将要在页面上显示的所有人物。要想查看该数据集，需要在浏览器中打开 URL 查看该数据结构。

数据集合中就是用户感兴趣的电影人物数组，如下所示：

```
{
    "count": 87,
    "next": "http://swapi.co/api/people/?page=2",
    "previous": null,
    "results": [
        {   "name": "Luke Skywalker",
            "height": "172",
            "mass": "77",
            ...
        },
        ...
    ]
}
```

以上数据从 API 返回后，就可以用 results 来更新 state 中的数据数组。

下面，将在 People.js 文件中的 navigationOptions 对象下方，创建 satate 和 componentDidMountfetch 调用，如代码清单 12-7 所示。

代码清单 12-7 设置初始状态并获取数据

```
state = {
   data: [],
   loading: true,
```

第 12 章 使用跨平台组件构建 Star Wars 应用

```
    modalVisible: false,
    gender: 'all',
    pickerVisible: false
}
componentDidMount() {
    fetch('https://swapi.co/api/people/')
        .then(res => res.json())
        .then(json => this.setState({ data: json.results, loading: false }))
        .catch((err) => console.log('err:', err))
}
```

在以上 componentDidMount 中，首先使用 fetch() 从 API 获取数据，并返回一个 promise。然后，在获取返回的数据后，调用.json()方法来读取响应（response）并进行数据转换。.json()返回包含 JSON 数据的 promise。最后，再次设置状态、更新数据和加载变量。

12.2.2 添加剩余的类方法

在目前阶段，加载上述页面，已经可以将数据加载到状态中备用。接下来，需要创建其他功能，以及 render 方法来显示数据。要创建该组件中的其他方法，请在 People.js 文件中的 componentDidMount 之后添加以下代码，如代码清单 12-8 所示。

代码清单 12-8　People 组件的其余方法

```
renderItem = ({ item }) => {         ← renderItem方法将被传递给FlatList
    return (
      <View style={styles.itemContainer}>
        <Text style={styles.name}>{item.name}</Text>
        <Text style={styles.info}>Height: {item.height}</Text>
        <Text style={styles.info}>Birth Year: {item.birth_year}</Text>
        <Text style={styles.info}>Gender: {item.gender}</Text>
        <TouchableHighlight
           style={styles.button}
           onPress={() => this.openHomeWorld(item.homeworld)}
        >
           <Text style={styles.info}>View Homeworld</Text>
        </TouchableHighlight>
      </View>
    )
}
                                        更新状态中的URL和modalVisible
                                        布尔值，打开HomeWorld模式
openHomeWorld = (url) => {         ←
  this.setState({
    url,
    modalVisible: true
  })
```

```
}
closeModal = () => {                    ◄──── 将状态中的modalVisible设置为
  this.setState({ modalVisible: false })       false，关闭该模式
}
                                        ◄──── 切换pickerVisible布尔值
togglePicker = () => {
  this.setState({ pickerVisible: !this.state.pickerVisible })
}

filter = (gender) => {                  ◄──── 更新状态中的过滤器值，将其更
  this.setState({ gender })                    新为用于render方法中过滤数据
}                                              的传入值
```

将 renderItem 方法传递给 FlatList，以渲染状态中的数据。每次通过此方法传递一个项目时，就会得到一个拥有两个键（item 和 key）的对象。在调用方法时解构该项目，并使用该项目属性为用户显示数据（item.name、item.height 等）。请读者留意传递给 TouchableHighlight 组件的 onPress 方法。该方法将 item.homeworld 属性传递给 openHomeWorld 方法。item.homeworld 是一个用于获取电影人物家乡信息的 URL。

togglePicker 方法可以切换 pickerVisible 布尔值。该布尔值可以显示或隐藏选择器，该选择器供用户选择一个过滤器，来按照性别查看人物：全部、女性、男性或其他（如机器人等）。

12.2.3 实现 render 的方法

以上所有方法设置完成之后，下一步，需要在 render 方法中实现 UI。在 People.js 文件中，引入新组件 ActivityIndicator，这是一个跨平台的循环加载指示器，可以指示加载状态，属性列表参见表 12-1。请在 filter 方法之后，添加 render 方法，如代码清单 12-9 所示。

代码清单 12-9 render 方法

```
                                                    检查过滤器是否设置为all；如果是，则
    从状态中解构数据数组以便后续访问                  跳过此功能；如果不是，则根据人物的
       render() {                                   性别与状态中设置的性别进行过滤
         let { data } = this.state
         if (this.state.gender !== 'all') {
           data = data.filter(f => f.gender === this.state.gender)
         }
                                                    创建一个按钮：根据this.state.pickerVisible
         return (                                   的值关闭或打开过滤器
           <Container>
             <TouchableHighlight style={styles.pickerToggleContainer}
                                 onPress={this.togglePicker}>   ◄────
               <Text style={styles.pickerToggle}>
                 {this.state.pickerVisible ? 'Close Filter' : 'Open Filter'}
               </Text>    ◄────
```

第 12 章　使用跨平台组件构建 Star Wars 应用

```
    </TouchableHighlight>
  {
    this.state.loading ? <ActivityIndicator color='#ffe81f' /> : (
      <FlatList
        data={data}
        keyExtractor={(item) => item.name}
        renderItem={this.renderItem}
      />
    )
  }
```

通过评估this.state.loading来查看数据是否正在加载；如果是，则显示一个ActivityIndicator表明正在进行加载；如果不是，则渲染FlatList，传入数据、this.renderItem和keyExtractor

```
  <Modal
    onRequestClose={() => console.log('onrequest close called')}
    animationType="slide"
    visible={this.state.modalVisible}>
    <HomeWorld closeModal={this.closeModal}
               url={this.state.url} />
  </Modal>
```

当modalVisible设置为true，并滑动到视图中，Modal组件才会解除隐藏状态

Modal的动画类型也可以是none或fade

onRequestClose是必需属性。用户无须执行任何操作，因此，只需在调用时输出到控制台即可

如果this.state.pickerVisible设置为true，则渲染Picker组件

```
  {
    this.state.pickerVisible && (
      <View style={styles.pickerContainer}>
        <Picker
          style={{ backgroundColor: '#ffe81f' }}
          selectedValue={this.state.gender}
          onValueChange={(item) => this.filter(item)}>

          <Picker.Item itemStyle={{ color: 'yellow' }}
                       label="All"
                       value="all" />
          <Picker.Item label="Males" value="male" />
          <Picker.Item label="Females" value="female" />
          <Picker.Item label="Other" value="n/a" />
        </Picker>
      </View>
    )
  }
  </Container>
);
}
```

渲染Picker、传入值、样式和onValueChange方法

单击 Close Filter/Open Filter（关闭过滤器/打开过滤器）按钮，调用 togglePicker 方法，显示或隐藏选择器。每次更新选择器的值，都会触发 onValueChange 方法，然后更新状态，

触发组件的重新渲染并更新视图中已过滤的项目列表。

表 12-1　ActivityIndicator 的属性

属性	类型	描述（一些来自于文档）
animating	布尔值（Boolean）	为 ActivityIndicator 图标加动画效果
color	颜色（Color）	ActivityIndicator 的颜色
size	字符串（small 或 large）	ActivityIndicator 的大小

最后一步，需要为该组件设置样式。以下设置样式的代码位于 People.js 文件中类定义下面，如代码清单 12-10 所示。

代码清单 12-10　People 组件的样式

```
const styles = StyleSheet.create({
    pickerToggleContainer: {
        padding: 25,
        justifyContent: 'center',
    alignItems: 'center'
    },
    pickerToggle: {
        color: '#ffe81f'
    },
    pickerContainer: {
        position: 'absolute',
        bottom: 0,
        right: 0,
        left: 0
    },
    itemContainer: {
        padding: 15,
        borderBottomWidth: 1, borderBottomColor: '#ffe81f'
    },
    name: {
        color: '#ffe81f',
        fontSize: 18
    },
    info: {
        color: '#ffe81f',
        fontSize: 14,
        marginTop: 5
    }
});
```

读者可以在线获得该组件的最终代码，网址如下：

www.manning.com/books/react-nativein-action

或者

https://github.com/dabit3/react-native-in-action/blob/chapter12/StarWars/People.js

12.3 创建 HomeWorld 组件

本节将创建该应用程序的最后一个组件：HomeWorld。在 People.js 文件中，曾创建过一个 Modal（模态框），这个 HomeWorld 组件是 Modal 内的一项内容：

```
<Modal
    onRequestClose={() => console.log('onrequest close called')}
    animationType="slide"
    visible={this.state.modalVisible}>
       <HomeWorld closeModal={this.closeModal} url={this.state.url} />
    </Modal>
```

使用 HomeWorld 组件，可以获取星球大战人物的家乡数据，并在模态框（modal）中向用户显示此信息，如图 12-5 所示。

图 12-5　HomeWorld 组件从 API 获取数据并显示。Close Modal 按钮可以调用作为属性传入的 closeModal 函数

当在 componentDidMount 的 fetch 调用中打开模态框时，HomeWorld 组件将获取传入的 url 属性。之所以会这样，原因在于每次将模态框的 visible 属性设置为 true 时，都会调用

componentDidMount。基本上可以说只要显示模态框，就会重新加载该组件。

12.3.1 创建 HomeWorld 类并初始化状态

首先，创建一个新文件：HomeWorld.js。然后，导入所需组件，创建类定义，并创建初始状态，如代码清单 12-11 所示。

代码清单 12-11 创建 HomeWorld 组件类，并创建初始状态

```
import React from 'react'
import {
  View,
  Text,
  ActivityIndicator,
  StyleSheet,
} from 'react-native'

export default class HomeWorld extends React.Component {
  state = {              ◄──── 初始化状态
    data: {},
    loading: true
  }
}
```

以上初始状态中包含两项内容：data 对象为空，loading 布尔值为 true。当组件正在加载时，显示加载指示符，表示正在等待数据从 API 返回。当数据加载完成后，loading 布尔值更新为 false 并渲染这些从 API 返回的数据。

12.3.2 使用 url 属性从 API 获取数据

本节将介绍使用 componentDidMount 中的 url 属性调用 API，一旦加载组件就会调用该属性。在 HomeWorld.js 文件中的状态初始化下面，创建以下 componentDidMount 方法，如代码清单 12-12 所示。

代码清单 12-12 在 componentDidMount 中获取数据及上传状态

```
                                                       更新API URL以使用HTTPS
确保有一个URL。如果没有，
则返回函数以避免出错
    componentDidMount() {
      if (!this.props.url) return
      const url = this.props.url.replace(/^http:\/\//i, 'https://')  ◄
      fetch(url)        ◄──── 使用作为属性传入的URL参
        .then(res => res.json())       数，调用fetch
        .then(json => {
```

```
        this.setState({ data: json, loading: false })
      })
      .catch((err) => console.log('err:', err))
  }
```

为了使用 HTTPS，以上代码对 API URL 进行了更新。因为 React Native 不允许开箱即用的不安全 HTTP 请求（尽管可以将其设置为在必要时允许）。用 URL 调用 fetch，并在响应返回时将数据转换为 JSON，更新状态（state）将 loading 设置为 false，使用 JSON 返回值更新状态的数据值，并将该数据添加到状态。

下一步，还需创建 render 方法和样式。render 方法可以显示人物家乡的一些相关属性，如家乡的名称、人口数量、气候等。这些属性的样式重复不变。在 React 和 React Native 中，当样式重复不变时，最好能创建一个样式组件并重用该组件，而不是创建一个样式并重用该样式。

本示例将创建一个自定义 TextContainer 组件，用于在 render 方法中显示数据。在 HomeWorld.js 文件中的类声明之上，创建下面的 TextContainer 组件，如代码清单 12-13 所示。

代码清单 12-13 创建一个可重用的 TextContainer 组件

```
const TextContainer = ({ label, info }) => (
    <Text style={styles.text}>{label}: {info}</Text>
)
```

上面的 TextContainer 组件返回一个基本的 Text 组件并接收到两个有用的属性：label 和 info。静态的 label 是对字段的描述，info 是在 API 返回人物家乡数据时获得的信息。

12.3.3 完成 HomeWorld 组件

在上一节中，TextContainer 已经准备就绪，下面，将在 HomeWorld.js 文件中创建 render 方法和样式来彻底完成 HomeWorld 组件，如代码清单 12-14 所示。

代码清单 12-14   render 方法和样式

```
export default class HomeWorld extends React.Component {
  ...
  render() {
    const { data } = this.state        // 从状态中解构data对象
    return (
      <View style={styles.container}>
      {
          this.state.loading ? (       // 检查loading是否为true,如果是，则显示ActivityIndicator,表示正在加载
            <ActivityIndicator color='#ffe81f' />
          ) : (
```

```jsx
            <View style={styles.HomeworldInfoContainer}>
              <TextContainer label="Name" info={data.name} />
              <TextContainer label="Population" info={data.population} />
              <TextContainer label="Climate" info={data.climate} />
              <TextContainer label="Gravity" info={data.gravity} />
              <TextContainer label="Terrain" info={data.terrain} />
              <TextContainer label="Diameter" info={data.diameter} />
            <Text
                style={styles.closeButton}
                onPress={this.props.closeModal}>
                Close Modal
            </Text>
            </View>
        )
      }
    </View>
    )
  }
}
const styles = StyleSheet.create({
  container: {
    flex: 1,
    backgroundColor: '#000000',
    paddingTop: 20
  },
  HomeworldInfoContainer: {
      padding: 20
  },
  text: {
      color: '#ffe81f',
  },
  closeButton: {
      paddingTop: 20,
      color: 'white',
      fontSize: 14
  }
})
```

创建一个调用this.props.closeModal的按钮，供用户关闭模态框

如果loading不是true，则返回一个包含TextContainers的主View组件，并显示从API返回的数据，这些数据存储为状态中的data对象

本章小结

- React Native 附带跨平台组件，可以在 iOS 和 Android 平台上运行。
- 使用 Modal 组件，通过将 visible 属性设置为 true 或 false 来显示叠加。

第 12 章　使用跨平台组件构建 Star Wars 应用

- 使用 Picker 组件可让用户轻松地进行选择。selectedValue 属性定义了选择的值。
- 使用 Fetch API 可以处理网络请求及使用响应数据。fetch 将返回一个 promise，其中包含了可在应用中使用的数据。
- 将 renderItem 方法和数据数组作为属性传入，FlatList 组件可以轻松高效地渲染数据列表。
- ActivityIndicator 是一种指示应用中加载状态的简单方法。根据加载状态显示或隐藏指示器。
- 通过将子属性包装在两个 React Native View 组件中来创建可重用的容器。

附录 A 安装并运行 React Native

A.1 开发 iOS 应用

如果打算开发 iOS 应用，（在本书编写时）用户必须使用 Mac，因为 Linux 或 Windows 环境不支持针对 iOS 平台的开发。

A.1.1 准备开始

首先，用户必须拥有 Mac，并且需要在 Mac 上安装以下内容。
- Xcode。
- Node.js。
- Watchman。
- React Native 命令行工具。

操作步骤如下所述。

1）安装 Xcode，可以从 App Store 购买。

2）建议通过 Homebrew 安装两个 React Native 文档：Node 和 Watchman。如果用户尚未安装 Homebrew，可以访问 http://brew.sh，将其安装在用户的计算机上。

3）使用以下命令，从 Homebrew 安装 Node 和 Watchman。

```
brew install node
brew install watchman
```

4）安装 Node.js 之后，运行以下命令，安装 React Native 命令行工具。

```
npm install -g react-native-cli
```

如果提示权限错误，请使用 sudo 再试一次。

```
sudo npm install -g react-native-cli
```

A.1.2 在 iOS 上测试安装

通过创建一个新项目可以检查 React Native 安装是否正确。在终端或选中的命令行中，运行以下命令，用户可以将 MyProjectName 替换为自己的项目名称。

```
react-native init MyProjectName
cd MyProjectName
```

附录 A 安装并运行 React Native

这样,就创建了一个新项目并进入到该新目录,可以通过以下两种方式运行该项目。
- 在 MyProjectName 目录中,运行命令 react-native run-ios。
- 打开位于 MyProjectName/ios/MyProjectName.xcodeproj 的 MyProjectName.xcodeproj 文件,在 Xcode 中打开该项目。

A.2 开发 Android 应用

用户可以使用 Mac、Linux 或 Windows 环境开发 Android 应用。

A.2.1 使用 Mac 开发 Android 应用

首先需要在计算机上安装以下软件。
- Node.js。
- React Native 命令行工具。
- Watchman。
- Android Studio。

操作步骤如下所述。

1)建议通过 Homebrew 安装两个 React Native 文档:Node 和 Watchman。如果用户尚未安装 Homebrew,可以访问 http://brew.sh,将其安装在用户的计算机上。

2)使用以下命令,从 Homebrew 安装 Node 和 Watchman。

```
brew install node
brew install watchman
```

3)安装 Node.js 之后,运行以下命令,安装 React Native 命令行工具。

```
npm install -g react-native-cli
```

4)访问 https://developer.android.com/studio/install.html,安装 Android Studio。

上述所有内容安装完成后,请跳转至第 A.2.4 节,创建一个 React Native 新项目。

A.2.2 使用 Windows 开发 Android 应用

首先需要在计算机上安装以下软件。
- Node.js。
- Python2。
- React Native 命令行工具。
- Watchman。
- Android Studio。

操作步骤如下所述。

1）Watchman 暂时处于 Windows 的 alpha 版本阶段，但以作者的经验判断，能够正常运行。

要安装 Watchman，请访问 https://github.com/facebook/watchman/issues/19 并通过第一条评论中的链接下载其 alpha 版本。

2）React Native 建议通过 Chocolatey（Windows 的包管理器）安装 Node.js 和 Python2。为此，请首先安装 Chocolatey（https://chocolatey.org），以管理员身份打开命令行，然后运行以下命令。

```
choco install nodejs.install
choco install python2
```

3）运行以下命令，安装 React Native 命令行工具。

```
npm install -g react-native-cli
```

4）从官方网站下载并安装 Android Studio。

上述所有内容安装完成后，请跳转至第 A.2.4 节，创建一个 React Native 新项目。

A.2.3　使用 Linux 开发 Android 应用

首先需要在计算机上安装以下软件。
- Node.js。
- React Native 命令行工具。
- Watchman。
- Android Studio。

操作步骤如下所述。

1）如果尚未安装 Node.js，请访问 https://nodejs.org/en/download/package-manager，按照用户的 Linux 版本说明进行操作。

2）运行以下命令，安装 React Native 命令行工具。

```
npm install -g react-native-cli
```

3）从官方网站下载并安装 Android Studio。

4）要下载安装 Watchma，请访问：

```
https://facebook.github.io/watchman/docs/install.html#installing-from-source
```

上述所有内容安装完成后，请继续读下一节 A.2.4 的内容，着手创建一个 React Native 新项目。

A.2.4　创建新项目（Mac/Windows/Linux）

一旦开发环境设置完成，react-native-cli 安装完成，就可以从命令行创建一个 React Native 新项目。进入到要在其中创建项目的文件夹，输入以下命令，用户可以将 MyProjectName 替换为自己的项目名称。

```
react-native init MyProjectName
```

A.2.5 运行该项目（Mac/Windows/Linux）

要运行 React Native 项目，请在命令行中将目录更改至该项目所在目录，然后运行以下命令。

```
react-native run-android
```